하늘물을 모아봐요 요렇게

하늘물을 모아봐요 요렇게(개정판)

초판 1쇄 발행 | 2009년 4월 20일
개정판 4쇄 발행 | 2020년 2월 20일

지은이 | 빗방울연구회(Group Raindrops)
옮긴이 | 한무영
발행인 | 박정자
편 집 | 김윤희 이미경 허희승
마케팅 | 류호연
디자인 | 에페코북스 편집실
사 진 | 박성수 작가

주 소 | 서울시 영등포구 여의도동 14-5
전 화 | 마케팅02-2274-8204
팩 스 | 02-2274-1854
이메일 | rutc1854@hanmail.net
발행처 | 우리
출판등록 | 제 2020-000004호

ISBN 979-11-969567-1-4

빗방울연구회(Group Raindrops) 지음
한무영 옮김

전쟁용 탱크 대신 평화를 위한 빗물탱크를!

No more Tanks for War, Tanks for Peace!

[무라세 마코토]

- (전)일본 동경도 스미다구 공무원
- 빗물운동의 세계적 선구자
- 한국을 비롯한 많은 나라에 빗물운동을 전파함
- Rolex Award등 다수의 국제상 수상자

Contents

제2장 빗물을 모아쓰는 배경 자립과 순환, 공생

제3장 빗물을 모아쓰는 기술

제4장 빗물을 모아쓰는 사례(일본)

제5장 빗물을 모아쓰는 사례(대한민국)

〈후기〉

하늘물을 모아봐요 요렇게

마코토 무라세 박사님의 이 책은 1997년 처음 출간된 이후, 영어와 한국어는 물론, 중국어, 대만어, 스페인어, 베투남어, 포르투갈어 등 많은 나라의 언어로 번역되어 있습니다. 무라세박사는 이 책이 성경책보다 더 많은 언어로 번역되어 있다고 자랑합니다. 저는 2009년 이후 (빗물을 모아 쓰는 방법을 알려드립니다, 2009), 이번에 다시 번역 출간을 하게 되었습니다. 같은 책을 또 번역판을 내는 이유는 20년이 지나도 그 내용이 변함없이 우리에게 필요한 기술적, 철학적 내용을 담고 있기 때문이고, 그동안의 우리나라의 빗물에 관련된 발전사례를 제5장에 함께 넣어서 자랑하고자 하기 위함입니다.

2003년 처음 번역을 하고 나서 20년 동안 빗물관련연구에 매진한 결과 박사가 11명, 석사가 20명이 탄생하였습니다. 소위 말하는 sci급논문도 50편 이상이 출간되었습니다. 세계적인 다목적 분산형 빗물관리의 모범사례인 스타시티와 35동 오목형 옥상녹화가 잘 운영되고 많이 알려져 있습니다. 국제물협회(IWA)에 빗물분과를 만들어 국제워크샵과 국제컨퍼런스를 하고, 분과 위원장을 계속 맡으면서 세계를 선도하고 있습니다. 법률적, 사회적으로도 이제는 우리나라도 빗물을 확산하자는 분위기도 어느 정도 무르익었습니다.

2010년에는 중학교 2학년 국어책에 "지구를 살리는 빗물" 이라는 제목으로 한 단원이 만들어져서 많은 학생들이 빗물을 피하기 보다는 빗물을 잘 관리하여 지구를 살리자는 공감대를 형성하였습니다.

또한, 법률적으로는 2019년 통과된 두개의 기본법에 빗물관리를 명시하였습니다. "물관리기본법"에는 강수로부터 시작한 모든 물을 유역에서부터 종합적으로 관리해야 한다고 하였습니다. "저탄소녹색성장기본법"에는 홍수, 가뭄, 폭염등에 대응하기 위해서는 '적극적인 빗물관리'를 하여야 한다는 개정안이 국회에서 여야의원이 만장일치로 통과되어 이 법의 중요성을 확인시켜 준 셈입니다. 기본법이란 관련된 모든 하위의 법에서 이 기본법의 원칙에 준해서 만들도록 되어 있는 가장 중요한 법입니다. 이미 80개 이상의 지방자치체에서 빗물이용시설을 활성화하도록 빗물이용시설 설치 보조금을 준다든지, 경제적 인센티브를 주도록 하는 빗물 조례를 만들어서 시행되고 있습니다.

저는 빗물식수화라는 용어와 기술을 세계최초로 만들고, 다중방어의 개념으로 자연기반 해법을 이용한 창의적인 이론을 바탕으로 여러 개의 성공적인 프로젝트를 만들었습니다. 최근에는 WHO 와 공동으로 실시한 베트남 시골 보건소의 빗물식수화 시설에 대한 성공사례로부터 남태평양, 필리핀 등에 전파해주고 있습니다. 이와 같은 빗물식수화시설에 대한 교육은 코이카에서 초청한 개도국 공무원들에게 단골로 교육을 해주고 있습니다. 앞으로는 남태평양에서 물부족으로 고통받고 있는 많은 섬 지방국가에 이 기술을 전파하여 국가적 외교에도 한 몫을 하고자 합니다.

더욱 고무적인 사실은 빗물의 인식을 바꾸기 위하여 '하늘물'이라는 새로운 블랜드로 재탄생시키자는 움직임이 시민사회, 예술가, 정치가 사이에서 왕성하게 벌어지고 있다는 것입니다. 관련된 기업도 많이 만들어지고 있으며, 더욱 좋은 제품들이 나와서 사람들이 스스로 만들 수 있도록 (DIY)도 가능해지는 것입니다. 이러한 여건 하에서 다시 이 오래된 책의 번역이 주목받고 있는 이유는 빗물이용에 대한 원리가 기초적으로 쉽게 잘 설명되어 있기 때문이며, 이번 기회에 그동안의 우리나라에서 잘 만들어진 사례도 함께 소개하기 위함입니다.

2000년 제가 처음 빗물을 시작할 때 세종대왕께서 세계최초로 측우기를 발명하신 것을 보고, '우리나라가 세계 최초로 빗물관리를 하였으니, 세계 최고가 되자'라는 목표로 시작을 하였습니다. 이제 법과 사회적 분위기를 만들어 놓았으니, 사회적 확산이 되고 세계최고가 되는 것은 시간문제라고 자신합니다. 이 책을 이용하여 많은 사람들이 빗물로 행복하고, 갈등이 줄어들고, 또한 기업하시는 분들은 많은 사람이 행복하도록 하는 일을 하시면서 돈도 많이 버시기를 기원합니다.

2020년 2월

우리 (雨利) 한 무영

한국어판 발간을 축하하며

다음세대에 깨끗한 비를 전해주기를 희망합니다

빗방울연구회 대표·빗물 이용을 추진하는 전국시민의회 사무국장

무라세 마고토(村瀨 誠)

빗물이 없으면 생물은 자랄 수가 없습니다. 사람도 살 수 없습니다. 식물을 기를 수도 없습니다. 그러나 우리들은 이렇게 귀중한 빗물을 너

무 소홀히 하고 있지는 않나요? 예를 들면, 도쿄에서는 발목 높이 정도로 내린 비는 필요 없다고 간주하여 대부분의 비를 이용하지 않고 하수로 흘려보냈습니다. 그러나 이것은 잘못된 생각입니다. 도시의 비는 시내를 순환하면서 식물 등을 키우는 훌륭한 자원입니다. 지금은 도쿄에서도 이런 사실을 깨닫고 빗물을 소중하게 여겨, 더욱 유효하게 이용하자는 운동이 퍼지고 있습니다.

빗물은 누구든지, 어디든지 이용하고자 하는 마음만 있다면 간단하게 이용할 수 있는 유용한 자원입니다. 여러분도 빗물을 모아 이용해 보시지 않겠습니까? 그렇게 한다면 이제 비가 기다려질 것입니다.

우리는 1994년에 도쿄의 스미다구(墨田區)에서 '빗물 이용은 지구를 구원합니다'라는 주제로 빗물 이용 도쿄국제회의를 열었습니다. 몬순아시아는 세계적으로 가장 비가 풍족한 지역입니다. 빗물 이용을 일본에서뿐 아니라 세계적인 규모로 확대하고 싶습니다. 이 책에는 우리의 이러한 생각이 들어 있습니다.

일본의 하늘이 한국의 하늘과 연결되어 있는 것처럼, 세계의 하늘은 모두 연결되어 있습니다. 그리고 그 지구 위를 비가 순환하고 있습니다. 세계가 모두 힘을 합해 이 하늘을 더 깨끗이 하여 다음 세대에 깨끗한 비를 전해주기를 희망합니다. 이 책의 출판을 계기로 일본과 한국 사이에 '빗물 이용'에 대한 정보 교환이 적극적으로 이루어지고, 나아가 '비의 문화' 차원의 교류가 활발해지기를 바랍니다.

이 책은 1994년에 일본에서 출판되었고, 그 다음 해에는 영어로 번역하여 출판하였습니다. 2000년에는 중국어로 번역하여 타이완에서도 출판하였습니다. 브라질에서는 포르투갈어로 번역 작업이 진행되고 있습니다. 이 책이 세계 빗물 이용 추진에 조금이라도 공헌하기를 염원합니다. 끝으로 이 책의 번역에 수고하신 한무영 교수님을 비롯한 모든 분들에게 진심으로 감사를 드립니다.

지은이 글

빗물과 더불어 사는 도시를 만들며

빗방울연구회 대표 마코토 무라세

'빗물도 보다 더 쓸모 있게 이용한다면 소중하다'는 생각에서 이 책이 햇빛을 보게 되었습니다.

지금까지 일본의 수도 도쿄에서는 "물이 부족하면 상류에 댐을 만들면 된다"고 생각해 왔습니다. 그러나 거대한 댐 개발은 많은 산림이나 농지를 훼손하여 주변에 사는 수많은 사람들의 커다란 희생을 강요하게 됩니다. 연구진은 상류에 대규모 댐을 짓는 것보다도 도심에 여러 개의 미니댐(빗물저장탱크)을 만들자고 제안합니다. 도쿄에는 필요로 하는 물의 양보다 더 많은 비가 내리고 있기 때문입니다.

도쿄 도심은 아스팔트와 콘크리트로 포장하여 빗물이 전혀 스며 들 수 없게 한 결과, 폭염에 찌는 도시, 갈증 나는 도시, 홍수의 도시가 되고 말았습니다. 연구진은 우리들의 도시가 물의 자연순환을 되찾아 다음 세대에는 빗물과 더불어 살아가는 곳이 되었으면 합니다. 지붕이나 땅에 내린 빗물을 탱크에 모으고 스며들게 하면 도시 홍수를 막을 수 있습니다. 모은 빗물은 자연수원으로 버리는 물이나 방화수로 활용할 수 있습니다. 빗물을 적극적으로 땅에 스며들게 하면 도시의 열오염이나 건조화를 막아 도시환경을 더 좋게 할 수 있습니다. 지하수가 풍부해지면 음용수로도 쓸 수 있습니다. 빗물 이용은 도시의 수자원 문제와 환경문제를 종합적으로 해결할 수 있는 실마리가 되는 것입니다.

이 책은 빗물 이용의 학술서는 아닙니다. 다음과 같은 5가지 특징을 가진 안내서입니다.

1. 이 책은 빗물 이용 아이디어 모음집입니다. 누구라도 뜻이 있는 사람이라면 어디서나 활용할 수 있는 아이디어가 실려 있습니다.
2. 한 마디로 빗물 이용이라 하였지만 도시와 농촌, 섬에서는 그 배경과 조건이 달라집니다. 이 책은 빗물이용 아이디어의 본질에 충실하게 썼습니다. 빗물 이용의 여러 아이디어에 놀라움을 금치 못하리라 믿습니다.
3. 빗물을 이용해 보려는 사람들을 위하여 설계와 유지관리의 주요 요점을 삽화로 표현하여 알기 쉽게 설명하였습니다.
4. 일본의 빗물 이용에 대한 실제 예를 단독주택으로부터 대규모 건물, 지역시설에 이르기까지 풍부하게 소개했습니다. '빗물과 더불어 사는 도시 만들기'의 안내서가 될 것입니다.
5. 세계 빗물 이용 실태와 실제 사례가 소개되어 있습니다. 이를 보면 일본이 세계에서도 얼마나 많은 비의 혜택을 보고 있는지도 알 수 있습니다. 빗물에 대한 생각이 애정으로 바뀔 것입니다.

빗방울연구회(Group Raindrops)는 빗물 이용 도쿄국제회의 실행위원회 기술부회는 이 책의 발간을 위해 탄생하였습니다. 기술부회에서는 1994년 여름 국제회의에 대비하여 누구나 어디서나 이용할 수 있는 빗물 이용 기술개발을 목표로 활동하였습니다. 그 성과로 빗물 이용 시설물을 설치한 연립주택이나 주유소, 상가, 아케이드 등이 생겨나고 있습니다. 또 빗물 이용에 대한 아이디어를 폭넓게 얻고자 일본과 그 밖의 다른 나라에서 빗물 이용 아이디어 대회를 열었습니다. 일본에서 116건, 해외에서 7건의 독창적이면서도 기발한 아이디어 및 제안이 모아졌습니다. 세계 빗물 이용 기술을 배우고자 케냐, 탄자니아, 보츠와나, 하와이의 빗물 이용 실태 조사도 하였습니다. 이 책에는 이러한 활동성과가 담겨 있습니다.

빗방울연구회는 세계의 빗물 이용 지혜를 배우면서 빗물과 더불어 사는 도시를 만들고자 합니다. 이 책이 조그만 도움이 되었으면 합니다.

옮긴이 글

빗물에 숨겨진 비밀 하늘물

한무영

〈빗물을 모아쓰는 방법을 알려드립니다〉 3판 옮긴이의 글을 쓰면서 지난 날을 돌이켜 보니, 그동안 물관리에 대한 기존의 패러다임과 편견을 극복하고 많은 성과가 이루어져 있음을 보면서 남다른 감회에 젖습니다.

2001년 초판이 나올 때만 하더라도 '산성비가 몸에 해롭다'라는 과학적인 근거가 없는 잘못된 정보로 빗물은 수자원이 아니라, 단지 홍수를 일으키는 주범으로만 생각했습니다. 일반 시민들은 비를 성가신 존재로 밖에 생각하지 않았습니다. 저 자신도 빗물을 단지 수자원의 일부로만 생각하고 과소평가한 것이 사실입니다.

그 뒤 오랫동안 빗물에 대한 연구와 홍보를 하면서 빗물에 엄청난 비밀이 숨겨져 있다는 것을 알아내고, 빗물에 대한 사람들의 인식을 바꾸는 등 많은 성과를 거두었습니다.

첫째, 우리나라는 비가 여름에 집중적으로 내리는 열악한 기후조건과 70% 이상이 산악지형으로 되어 물관리가 가장 어렵다는 고정관념을 뛰어 넘었다는 것입니다. 우리 선조들은 수천년을 열악한 자연조건에서 살아남기 위해 최고의 기술과 철학을 만들어냈습니다. 그것은 바로 홍익인간의 철학입니다. 사람과 자연이 서로 조화를 이루고, 상류의 사람과 하류의 사람이 서로 위해주고, 다음 세대까지 생각하여 물관리하는 마음들이 우리의 문화와 전통에 녹아 들어가 있다는 것을 알아낸 것입니다. 거기에 덧붙여, 기후변화로 전 세계에서 홍수와 가뭄 등 물 문제가 일어날 때 열악한 자연조건에서 살아남는 최고의 기술을 가진 우리나라가 전 세계를 구할 수 있다는 것을 깨달았습니다.

두 번째 성과는, 이와 같은 우리 선조들의 철학과 기술에 기초한 든든한 자신감을 바탕으로 우리나라가 이 분야에서 국제적인 주도를 하고 있는 것입니다. 학문적으로는 국제물협회(IWA)에 빗물관리 분과를 만들어 학자들에게 새로운 패러다임을 선보이고, 홍익인간 철학에 바탕을 둔 스타시티 빗물이용시설이 이 협회 잡지 2008년 12월호에 커버스토리를 장식할 정도가 되었습니다. UNEP, UNESCAP, UNESCO 등과 함께 빗물관리 시범사업을 하고, 국제적인 빗물가이드라인을 정하는 프로젝트를 진행하고 있습니다. 또한 빗물관리에 대한 국제회의도 전 세계를 돌아가면서 주최하고 있습니다.

세 번째 성과는, 서울과 수원시를 비롯한 각 지자체에서 빗물에 대한 인식이 바뀌고 그것을 실천에 옮기고 있다는 것입니다. "빗물이란 버리는 것이 아니라 모으는 것이다"라는 인식의 변화와 그것을 실현하기 위한 조례를 만들고 있습니다. 이름하여 '레인시티'를 만드는데 지자체들이 하나둘씩 동참하고 있습니다. 레인시티야말로 저탄소 녹색성장을 위하여 모든 시민이 힘을 모아 추구해야 할 우리의 국가경쟁력인 것입니다. 또한 앞으로 물 때문에 전쟁이 일어난다고 하면, 빗물관리를 잘 해서 그 분쟁의 씨앗을 미리 막을 수 있다는 점에서 세계평화를 가져 올 수 있으며, 그러한 평화의 근본을 미리 실천하는 레인시티들이 우리나라에 하나둘씩 만들어지고 있습니다.

이 책에는 일반 사람들이 쉽게 따라할 수 있는 아이디어와 사례들이 많이 담겨 있습니다. 일반 사람들이 이 책에 나온 여러 아이디어들을 통해 더 창의적이고 신선한 방법들을 찾아내는 '레인 시티즌'이 되기를 바라는 마음입니다.

지난 8년 동안 빗물 연구를 하면서 느낀 점은, 빗물을 생각하거나 이용하는 사람들은 국내외를 막론하고 모두가 좋은 사람이라는 것입니다. 근본적으로 남을 생각하는 마음을 가진 사람들이 만나 좋은 일을 하니 언제나 좋은 성과가 나올 수밖에 없습니다.

앞으로 모든 사람들이 하늘이 주신 고마운 선물인 빗물을 잘 이용하여 자연을 배려하고, 다른 사람을 배려하고, 다음 세대도 생각하는 마음을 가졌으면 하는 바람입니다. (2009년 4월)

“

빗물은 누구든지, 어디든지
이용하고자 하는 마음만 있다면
간단하게 이용할 수 있는 유용한 자원입니다.
여러분도 빗물을 모아 이용해 보시지 않겠습니까?

”

1장

빗물을 모아쓰는 다양한 장치들

1. 빗물을 이용하여 더욱 편안한 도시 만들기

1982년에 료고쿠 국기관(Ryogoku 國技館)이라는 스모 경기장을 짓기로 했을 때, 지금의 '빗방울연구회(Group Raindrops)' 회원들은 빗물 이용 연구를 시작하였습니다. 회원들은 스미다(Sumida) 시에 경기장의 거대한 지붕을 통해 얻는 빗물을 음용수 이외의 용도로 이용하거나 이 지역의 긴급용수로 공급하자고 제안하였습니다. 빗물 이용은 개인적인 차원이 아니라, 지역공동체 차원에서 추진하는 것이 보다 효과적이라고 회원들은 주장하였습니다. 결국 빗물 이용 시설물을 스모 경기장에 설치했습니다. 1989년에 이 단체의 회원들은 그들의 아이디어를 '스미다 오아시스 개념'으로 구체화하여 시 당국에 공식 제안서를 제출하였습니다.

스미다 시에는 스미다 강, 아라 강과 도쿄만으로 통하는 많은 물길이 동서남북으로 연결되어 흐르고 있습니다.

2. 복개천의 부활

오늘날에는 수로의 대부분이 도로로 복개되었습니다. 그러나 회원들은 이들 도로를 원상회복시켜 시민들이 수로를 따라 걸으며 강물을 즐길 수 있게 하자고 주장하고 있습니다. 더구나 강가의 토지개발은 가장 기초적인 지역개발 정책이 되어야 하고, 강물의 공급은 주변에 있는 주택단지의 지붕에서 얻는 빗물로 충당해야 한다고 주장하였습니다.

불행하게도 이런 아이디어들을 모두 실현하지는 못하였습니다. 그러나 몇 몇 아이디어들은 스미다 시나 다른 지역에서 실현되었습니다. 이러한 아이디어는 지역주민이나 빗물전문가들을 고무시켜서 빗물을 이용할 수 있는 많은 고안품들을 탄생시켰습니다. 이 개념은 비록 몇 년이나 지난 것이지만 그 내용은 아직까지도 새롭고, 의미있는 것이며, 실질적이고, 혁신적이라고 회원들은 믿고 있습니다.

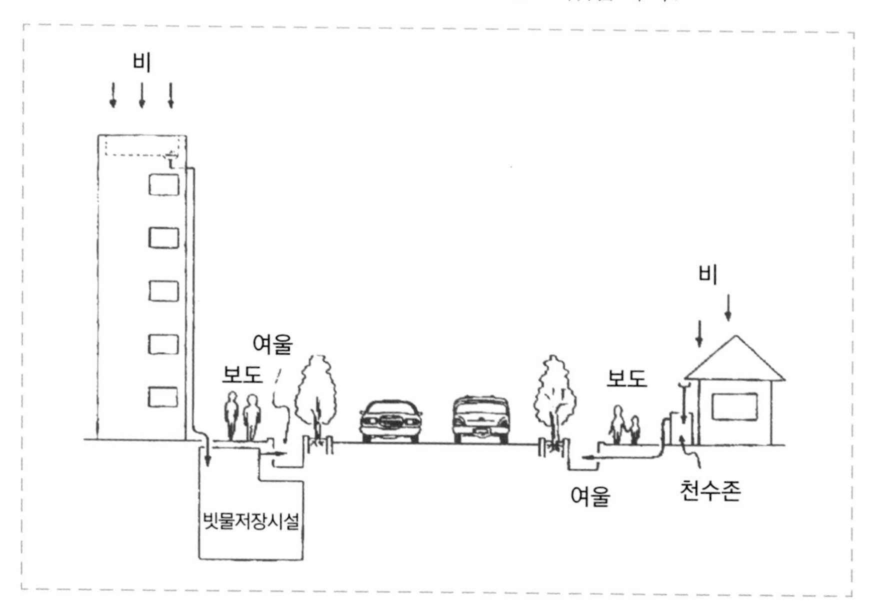

3. 도로 모퉁이의 공동빗물저장탱크 '천수존天水尊'

옛날에는 지역공동체에서 빗물을 이용하기 위해 빗물통을 썼습니다. 빗물통에는 뚜껑이 있으며 피라미드 모양으로 세워 놓았습니다. 오늘날 스미다 시에는 방화수로 쓰기 위하여 빨간색 드럼통들이 도로를 따라 늘어서 있습니다. '빗방울연구회' 회원들은 이 물통들을 수돗물 대신 빗물로 채우자고 스미다 오아시스 회의에서 제안하였습니다. 빗물은 지하의 물탱크에 보관할 수 있으며, 남은 빗물이 도로의 수로를 통해 하수도로 버려지는 것을 최소화해야 합니다.

저장한 빗물은 주변지역의 정원수나 긴급용수로 쓸 수 있습니다. 각각의 빗물저장통들은 수동 펌프시스템과 수도꼭지가 달려있어 누구나 쓸 수 있도록 하였습니다. 단체의 회원들은 이 저장통을 '천수존(天水尊)'이라 부르고 있는데, 그것은 "축복 받은 빗물을 존중하자"라는 뜻이라고 합니다.

회원들은 이 아이디어를 스미다 오아시스 개념에 도입하였습니다. 스미다시의 이치테라-코토토이(Ichitera-Kototoi) 지역에는 에코-로지(Eco-Roji, 생태도로)라는 길이 있습니다. 이 길 밑에는 10톤 규모의 빗물저장탱크가 있고 수동펌프가 달려 있습니다. 이 물을 주변지역에 정원수 혹은 긴급용수로 공급하고 있습니다. 또한 길을 가다보면 집 앞에 수도꼭지가 달린 자줏빛의 물탱크를 볼 수 있습니다. 스미다 시 오아시스 개념에서 얻은 천수존이라는 아이디어는 이치테라-코토토이 지역에서 매우 많이 실현되었습니다.

비상시에
먹는물과
소방용수로
씁니다!
빗물통
스미다 지역
공동 천수존
지하저장시설

4. 도랑으로 물을 흘려 보내면서 빗물의 저류량貯留量을 조정

빗물저장탱크의 용량은 지방의 평균 강우량으로 계산하기 때문에 장마철이나 폭우가 쏟아질 때에는 탱크 용량을 초과할 수도 있습니다. 스미다 오아시스 개념에 따르면 다음과 같은 것을 제안할 수 있는데, 넘치는 물이 도랑으로 흘러들어 수로들을 다시 살리고, 나머지는 땅으로 스며들게 하는 것입니다. 초과하는 수량은 탱크로부터 인공폭포를 통해 수로로 흐르게 할 수 있지만, 탱크에 물이 부족할 때에는 반대로 수로로부터 물을 다시 탱크로 끌어올릴 수도 있습니다. 인공폭포(cascade)는 계단처럼 설계해 물이 흐르도록 하는 것입니다.

투과성이 있는 블록으로 천수존 둘레를 도로포장해서 탱크로부터 넘치는 물을 땅으로 스며들게 해야 합니다. 이렇게 하면 아스팔트나

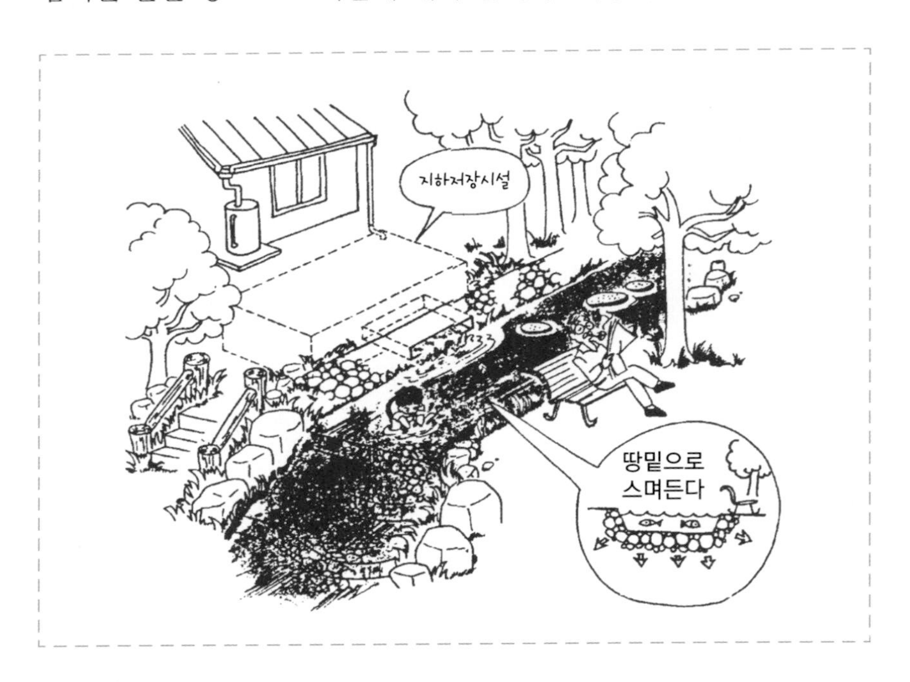

콘크리트 구조물 때문에 물이 순환되지 않아 지하대수층에 물이 부족한 상태가 되는 것을 막을 수 있습니다.

지하수가 부족하면 압력이 약해져 땅이 꺼질 수 있습니다. 그러므로 빗물을 땅속으로 스며들게 하는 것은 빗물을 이용할 때 아주 중요한 부분임을 잊어서는 안 될 것입니다. 수로의 바닥은 투과성이 있는 재질로 만들어야 하며, 제방은 콘크리트 블록 대신 돌로 만들어야 합니다. 더욱이 제방은 비탈을 두어 사람들이 물에 다가갈 수 있도록 해야 합니다. 이상적인 목표는 바로 물고기들이 바위틈 사이에 살 수 있는 환경을 만드는 것입니다. 수로를 완전히 콘크리트로 덮어버린다면 아무도 개울의 아름다움을 즐길 수 없을 것입니다.

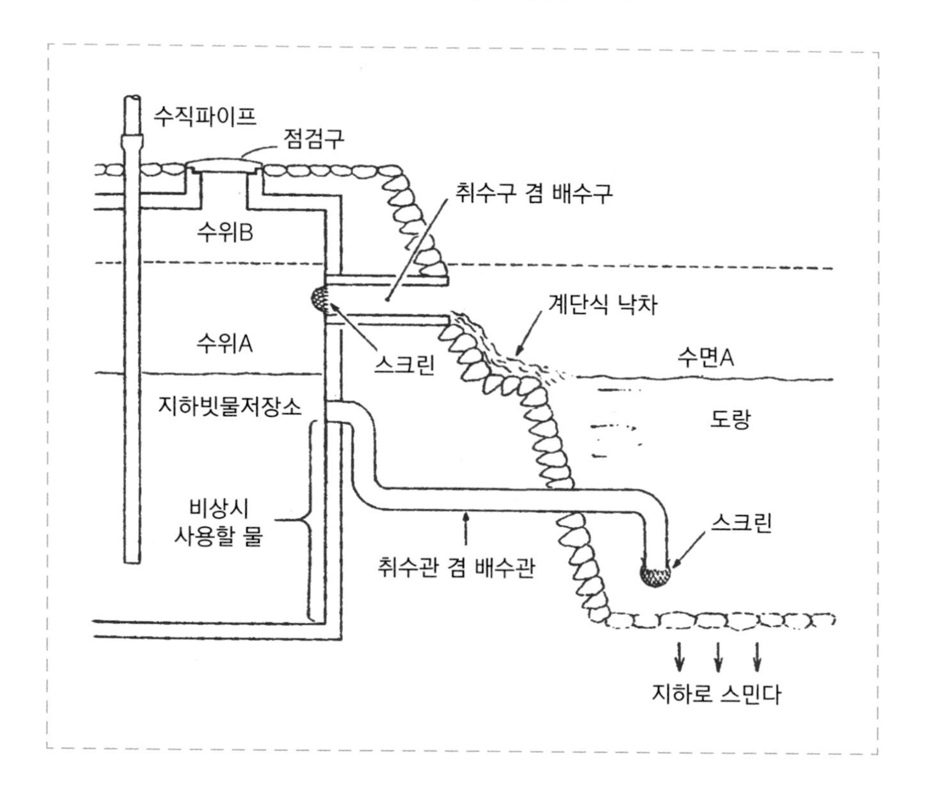

5. 비의 혜택을 누리는 방법

'스미다 오아시스 구상'의 연구진들은 길을 단순한 도로가 아닌 산책을 즐길 수 있는 길로 만들려고 하였습니다. 길 중간중간을 튀어나오게 만들어 사람들이 발길을 멈추고 쉬어갈 수 있는 공간으로 만들고 거기에 빗물을 이용한 예술작품을 두기로 하였습니다. 연구진들의 의견을 들어본 결과 여러 가지 제안이 쏟아졌습니다. '빗물 분수'는 길 반대편에 빗물통을 설치하고 돌출부의 높이차로 물이 나오도록 하는 것입니다. 같은 구조로 돌출부 중심에 분수를 두는 아이디어도 나왔습니다.

6. 빗방울로 돌리는 물레방아

'빗물 물레방아'와 같은 제안도 있습니다. 빗방울로 돌아가는 작은 물레방아의 축 끝에 얇은 금속으로 된 날개를 달고, 노란 바탕에 커피색 줄무늬를 넣어 돌게 하는 것입니다. 큰 원반에 비를 받고 그 원반 구멍에서 빗방울이 떨어지기 시작하면 원반 기둥 주위에 고정된 빗물 물레방아가 돌기 시작합니다. 빗물의 양에 따라 회전이 빨라지기도 하고 느려지기도 하며 그에 따라 해바라기의 방향이 달라집니다.

누구나 대개는 비오는 날보다 맑은 날을 좋아합니다. 비 내리는 날은 나들이가 어려워 외출도 삼갑니다. 비가 샐 걱정, 홍수, 토사 붕괴 등 걱정도 듭니다. 그러나 비가 내리지 않으면 우리는 살아갈 수 없습니다. 위의 아이디어는 "비가 내리면 돌아가기 시작한다 〈빗방울 물레방아, 돌아라 돌아라…〉와 같은 즐거운 흥얼거림이 되게 하자"라는 동기에서 제안한 것입니다.

7. 수위계 겸용 장승

빗물저장탱크의 수위를 알 수 있으면서 빗물 이용을 인상 깊게 하려는 야외 예술품의 하나로 마츠모토(Matsumoto) 씨는 '장승'을 제안하였습니다. 부력을 이용하는 구조로, 저장조에 빗물이 고이면 삿갓을 쓴 장승이 떠올라서 모습을 드러내고 수위가 낮아지면 내려앉습니다. 장승이 내려앉으면 삿갓이 그 돌출부의 덮개가 되는 구조입니다. 곁에 세운 안내판에는 '빗물은 하늘로부터 빌린 물'이라고 빗물 이용을 권하는 문구를 새겨 놓습니다. 홍수나 가뭄의 피해지역에 기부할 모금함도 갖추도록 하였습니다.

나아가 그 장승 뒤에는 장승을 감싸안고도 남을 만한 큰 나무를 심어서 짓궂은 아이들이 돌을 던지더라도 별 문제가 되지 않도록 합니다. "괴상한 모습이 숨겨져 있어서 빗물을 고맙게 써야 한다는 마음을 전할 수 있다는 뜻의 장승이었으나, 어린 아이들의 동상이라고 해도 됩니다. 스미다에 불가사의의 하나로 두어 전설이 되게 합니다." 제안자의 말입니다.

옛날 스미다 구에 남혜원이란 절이 있고 거기에 세워져 있던 장승(에도 시대 때부터 알려진 장승)은 널리 알려진 기우 장승으로, 비가 내리지 않는 가뭄때에는 굵은 새끼줄로 이 장승을 칭칭 감아서 소원을 빌면 비가 내렸다고 합니다. 빗물 이용을 꾀하기 위하여 세우는 '빗물 장승'도 언젠가는 기우 장승이 되리라 확신합니다.

8. 거리의 수족관

빗물 이용 예술품으로, '거리의 수족관'을 제안한 사람은 '빗방울연구회' 회원인 이찌카와(Ichikawa) 씨입니다. 못 쓰는 드럼통을 빗물탱크로 사용해서 물고기 양식용 수조로 만들어 즐기게 한다는 구상입니다.

이찌카와 씨는 초등학생 시절부터 물고기를 좋아해, 학교에서 돌아오면 책가방을 현관에 팽개치고 양동이를 들고 가까운 냇가로 가서는 송사리, 미꾸라지, 붕어를 잡아서 정원의 작은 연못에 놓아주고 헤엄치는 모습을 즐겼다고 합니다. 둘레에 시냇물이 없는 도시 어린이들을 위하여 빗물탱크 겸 송사리 학교를 착안한 것입니다.

못 쓰게 된 화로나 항아리 등을 재활용하여 민물고기를 키우는 거리 수족관이 도쿄 야나카(Yanaka)에 있어 어린이들에게 인기가 높습니다. 양식용 수조가 딸린 빗물탱크도 도심 여기저기에 놓아 물고기가 헤엄치고 어린이들은 먹이를 준다든지 물고기 생태를 관찰합니다. 상상만 해도 아이들의 밝은 얼굴들이 떠오릅니다.

수조의 구조는 지붕에서 홈통으로 연결된 드럼통에 빗물을 모으고, 드럼통이 다 채워지면 수위계를 겸한 연결관을 거쳐 물고기가 헤엄치는 수조로 흘러들도록 합니다. 빗물이 정해진 수위를 넘어서면 월류관을 통해 땅으로 스며들게 합니다. 빗물과 함께 섞여들어 온 먼지는 시간이 지나면서 드럼통 바닥에 가라앉기 때문에 비가 그쳤을 때 꼭지를 틀면 깨끗한 빗물만 나오게 할 수 있습니다.

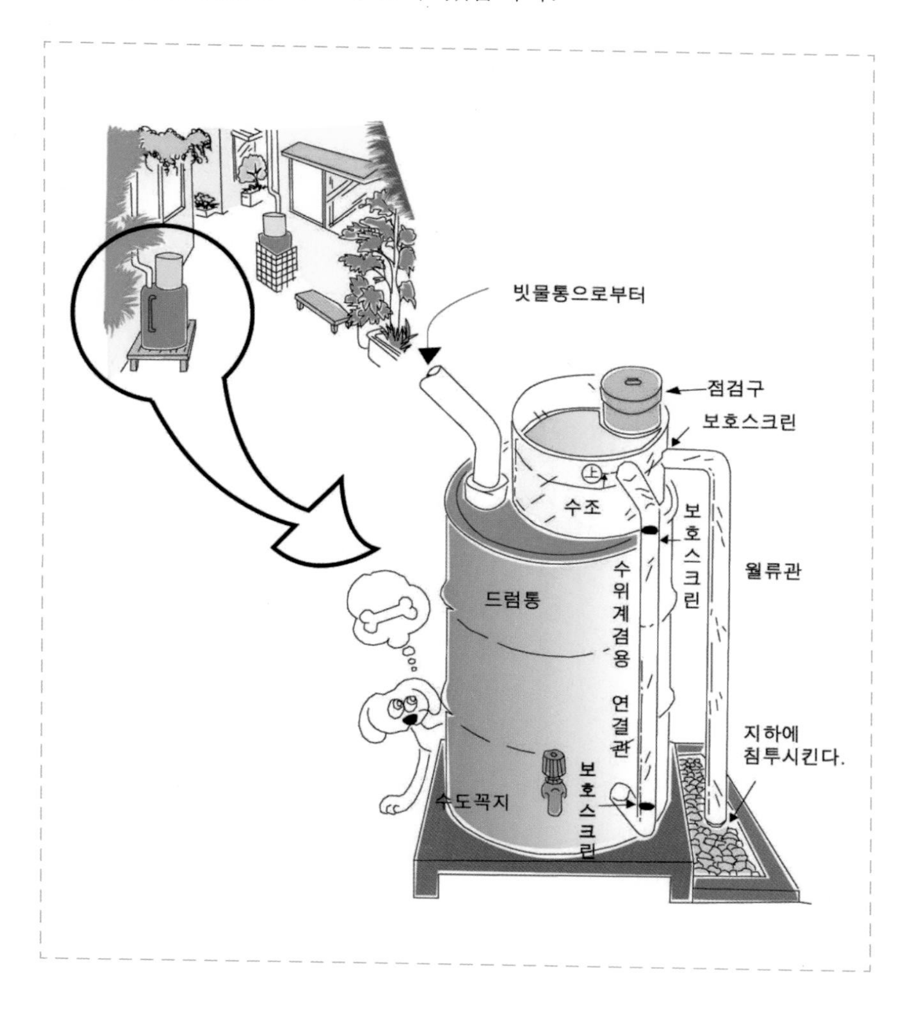

9. '회오리연못'이 있는 도시공원

'스미다 오아시스 구상' 회원들이 제안한 길모퉁이 도시공원(pocket park)은 빗물을 이용하는 빗물공원입니다.

예를 들어 도넛 모양 빗물저장시설을 지하에 묻은 길모퉁이 도시공원이 있습니다. 여기서는 빗물을 주변의 연립주택 옥상에서 모읍니다. 도넛 안쪽을 가운데 부분이 낮은 회오리 모양으로 하여 도시공원 지표면의 빗물과 저장시설 월류관의 물이 섞여서 오목한 중앙에서 천천히 땅으로 스며들게 합니다. 오목한 부분은 비가 올 때에는 커다란 웅덩이가 되고, 비가 그치면 웅덩이 바닥에서 회오리 모양의 경사가 서서히 나타나는 것입니다. 도쿄의 타마(Tama) 지방에서는 지하수위가 낮

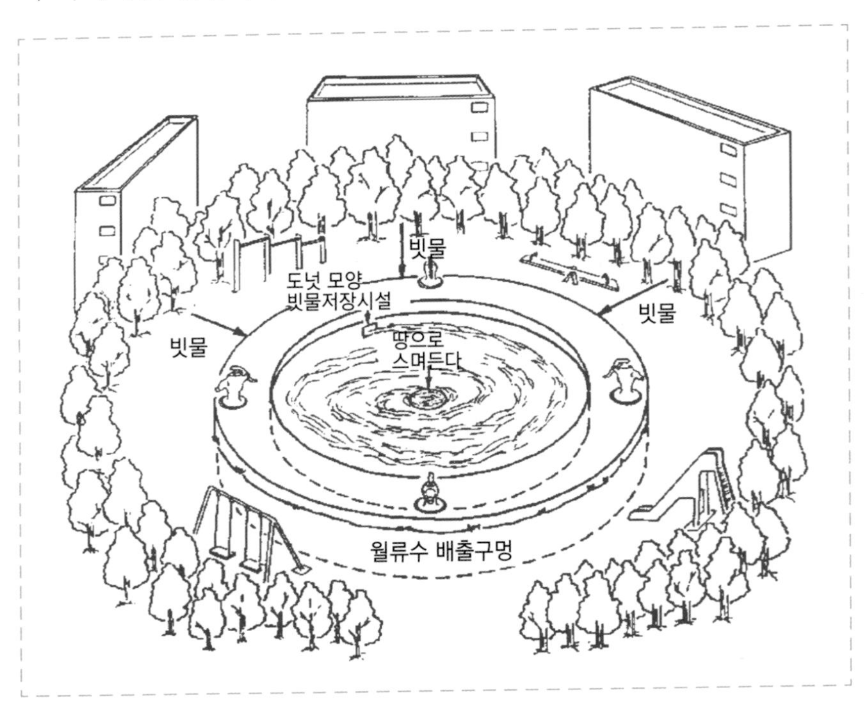

아서 우물을 수직으로 파내려가기가 어렵기 때문에 회오리 모양으로 경사를 주고 그 경사면을 홈통으로 이어 물을 흐르게 하고 있습니다.

도시공원의 이 형태는 '회오리 우물'이라 불리는 타마 지방의 공동 우물을 모방한 것입니다. 의자, 미끄럼틀, 여유 공간의 놀이터, 모래사장 등을 도넛 주위에 설치하고 주위에 나무를 심어 주변 건물들과 거리를 둡니다.

도시공원의 공중화장실은 지붕 밑에 빗물탱크를 설치하여 지붕으로부터 빗물을 저장함과 동시에 빗물을 펌프로 퍼올려 화장실 물로 쓰거나 벽 전체에 심은 화초에 물을 주도록 합니다.

도시공원 곁으로 지나가고 있는 고가도로 바로 밑에 빗물탱크를 설치하여 도로면으로부터 빗물을 모으고 그 빗물을 도시공원으로 유도하여 '빗물 이용 화장실'로 만들자는 제안도 있었습니다.

10. 아름답게 떨어지는 빗물

〈빗물 이용 도쿄국제회의〉를 계기로 범세계적인 빗물 이용 연구, 제안을 모으고자 하는 연구진들의 노력으로 〈빗물 이용 아이디어 대회〉가 열렸습니다. 일본에서 116건, 해외에서 7건을 응모했습니다. 그 가운데 하나가 당시 초등학교 5학년생인 영자(瑛子) 씨가 제안한 '공원 지하 매설 자연정화법'입니다. 동생 효영(孝瑛) 군과 같이 응모하여 효영 군의 '빗물 트램플린'과 함께 우수상으로 뽑혔습니다.

영자 씨의 제안 설명서에는 다음과 같은 말이 덧붙여 있었습니다.

"유럽에 갔을 때 비행기 안에서 본 파란 하늘의 푸르름, 시베리아 빙원의 흰색, 몽블랑 산맥, 에베레스트 산맥의 매혹적인 설경 모두 아름답고 멋있는 것이었습니다. 스미다 시에 내리는 비도 그때 푸른 하늘 아래 두둥실 희망 가득 부풀었던 기분을 자아냈던 구름의 눈물이라고 볼 수 있습니다.

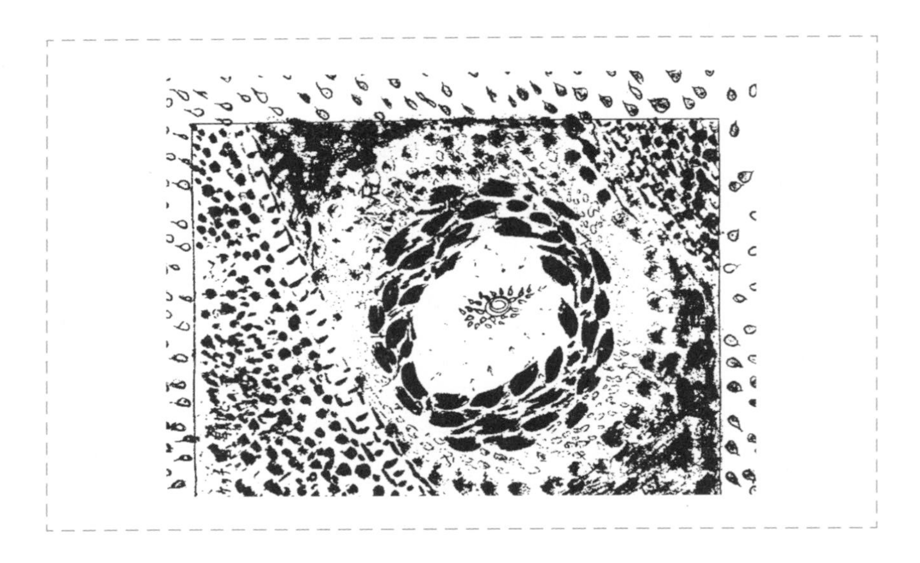

이 아름다운 빗물은 나무나 화초를 기쁘게 하고 사람들에게 도움을주며 살아있는 모두에게 생명을 주는 물임에 틀림없습니다. 고마운 비를 아름다움 그 자체로 다시 자연으로 되돌리는 것이 사람들이 해야 할 일입니다. 공원이나 빈터, 가정의 정원에 흙이 들어가지 않도록 고운 망을 씌우고 그 아래에 작은 돌 → 숯 → 모래 → 자갈을 깔아 빗물을 깨끗하게 돌려주고 싶습니다."

〈빗물 이용 아이디어 대회〉 응모작품 가운데 하나로 영자 씨와 같은 생각을 가진 야수아키 히구치(Yasuaki, Higuchi) 씨의 '빗물 이용 집합 시스템'도 함께 소개하겠습니다.

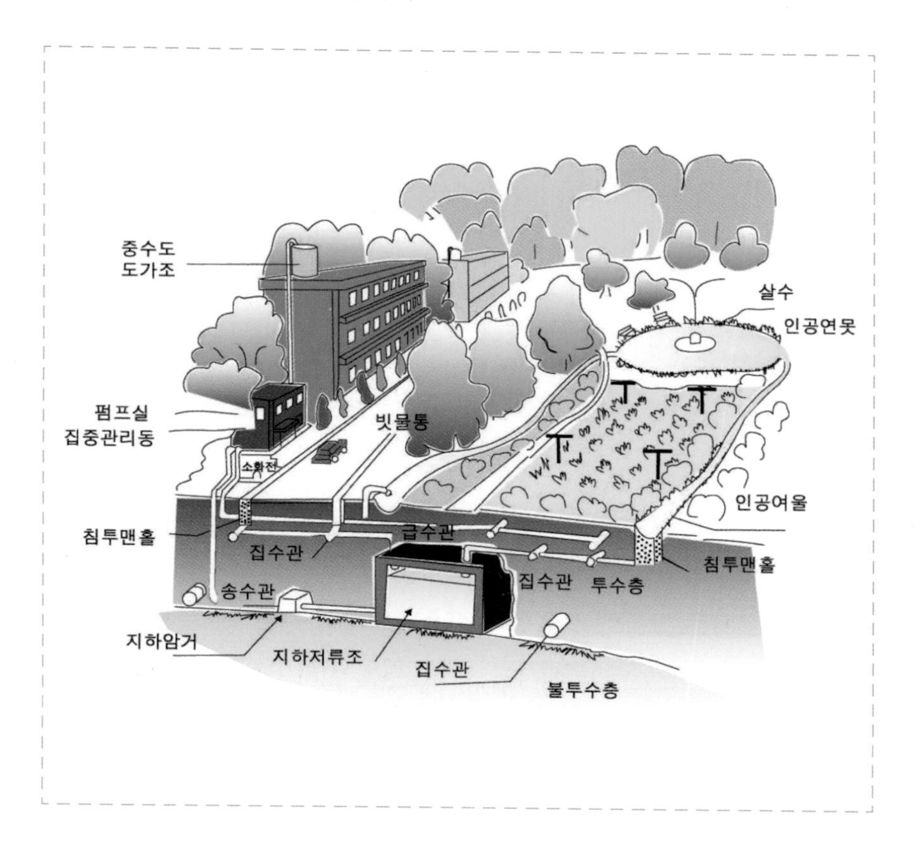

11. 고가도로 아래는 빗물 모으기 좋은 공간

고속도로와 철도의 버팀목 밑으로 배수구 파이프 아래 공간의 폭을 고려해 볼 때 이 부분을 빗물 저장 공간으로 활용한다는 생각은 아주 실용적이라고 볼 수 있습니다. 우리는 수많은 빗물 저장 장치들이 빗물 이용에 관한 특허를 낸 뒤에 등록될 수 있다는 것을 알았습니다. 이 장치는 두 명의 일본인이 빗물 이용 아이디어 대회에서 제안했던 것입니다. 타카시 히구찌(Takashi Higuchi)씨가 아이디어 공모상을 수상했는데, 그의 제안은 지상의 철도 아래 부분의 공간을 이용하자는 것이었습니다. 카츄미 타무라(Katsumi Tamura) 씨는 헬로(Hello)라는 제목으로 최고 아이디어 상을 받았는데, 지상의 고속도로 아래 지저분한 공간을 더욱 깔끔하게 만드는 제안이었습니다. 도쿄의 고속도로는 16m의 폭을 가진 약 230km 길이로 도로 표면적은 3,680,000㎡나 되는데, 도쿄의 연평균 강우량 1,500mm와 곱하면 총 5,520,000㎥의 빗물을 모을 수 있습니다. 이는 도쿄 야기사와(Yagisawa) 댐에서 해마다 끌어올리는 126,000,000㎥ 수량의 4.4%에 달합니다. 하지만 이 빗물의 대부분은 하수구를 통해 강으로 버려집니다.

철도나 고속도로 아래 부분의 공간이 길이나 공원 또는 주차장으로 쓰이는 곳 이외의 나머지 대부분은 다른 용도로 사용되지 않고 있습니다.

복잡한 대도시에서 어떤 곳을 빗물 이용 공간으로 쓰기 위한 공간을 확보하는 것은 어려운 일이며 또한 길이나 건물 아래 빗물저장탱크를 두는 것도 힘들다고 봅니다. 그 이유는 설치비용이라든가 유지비 문제가 매우 크기 때문입니다. 빗물 이용을 위해 변경할 수 있는 길이라든가 철도의 수는 매우 한정되어 있고 아주 작은 공간만을 빗물 이용을 위해 쓸 수 있습니다. 이 때문에 고속도로나 철도 아래 부분의 버려진 공간은 가치가 있을 것이며, 또한 하수 처리 시스템의 부담을 덜 수 있을 것입니다. 도로공사와 철도청 여러분은 이 점을 고려해 보시기 바랍니다.

12. '천수존'과 나무에서 노는 아이들광장

"아이들이 노는 광장에는 자유롭게 접할 수 있는 물과 커다란 나무가 있으면 좋습니다. 그러면 아이들이 알아서 노는 방법을 궁리합니다."

이탈리아의 건축가가 하는 이야기를 들은 적이 있습니다. 그의 눈에 일본의 어린이 광장은 어른들 눈으로 생각한 놀이터만 넘쳐난다고 보였습니다. "그네나 미끄럼틀, 정글짐 같은 놀이기구는 하나도 없고, 물이랑 서있는 나무 놀이기구만 있는 어린이 공원은 어떨까?" 물은 물론 빗물이지요. 우리들이 '스미다 오아시스 구상'을 연구하면서 그런 아이디어가 떠올랐습니다.

광장은 나무로 둘러싸여 있고, 그 가운데 몇 그루 정도는 오를 수 있고 매달릴 수 있는 커다란 활엽수로, 밑둥에는 나무에 오를 수 있게 받침대도 겸하는 '천수존'을 설치합니다. 천수존 끝에서 30cm 정도

올라간 곳에서 나무줄기에 동아줄을 묶고, 줄의 끝은 천수존 뚜껑에 있는 구멍을 통과합니다.

섬에서 예부터 전해오는 '시데'라 불리는 빗물을 모으는 방법에서 힌트를 얻은 것입니다. 팽팽한 나뭇잎을 빗물을 모으는 면으로 이용해 가지에서 줄기로 전해져 흘러내리는 빗물을 파이프 대신 줄기에 묶어 놓은 밧줄을 통해 모으는 방법입니다. 이것만으로는 필요량을 채울 수가 없으므로, 지하저장탱크를 만들어 가까운 건물 지붕에서 물을 모아 보충합니다.

천수존에는 모두 수도꼭지가 붙어있어, 그 아래에는 입구가 넓은 물병이 설치되어 있습니다. 수도꼭지를 따라 물이 흘러나오고, 물병의 물로 물총싸움도 하며 즐겁게 놀 수 있습니다. 게다가 풀이나 나무에 물을 줄 수도 있습니다.

13. 빗물 발전으로 돌아가는 놀이기구

빗물 이용 아이디어 대회에서 최우수상으로 선정된 것은, '빗물 공원 아이디어'로 니와 야스시(Niwa Yasushi) 씨가 제안한 것입니다. 하늘을 향해 뻗은 손 모양의 탑은 빗물 공원의 상징으로, '하느님이 주셔서 받는 빗물'의 의미를 표현한 것으로, 팔목 부분에 빗물을 모으는 빗물 탱크를 만들어 탑 밑에 설치한 공중화장실 물로 쓸 수 있습니다. 또 다른 빗물은 나선형의 물길로 흘러 그 흐르는 에너지로 발전을 하여 회전식 길이나 아이들 자동차의 전원으로 이용하는 것이었습니다.

"아침부터 비가 계속 내려 왠지 기분이 무겁고, 일할 기분도 안 나고, 외출할 기분도 안 나서, 시간을 보내며 빗물 이용에 대한 생각을 하다가 '빗물 공원'을 생각하게 된 것입니다."

팔뚝 모양의 탑이 비가 내릴 때만 돌아가는 것은 빗물 이용 아이디어 대회의 취지에 딱 맞아 만장일치로 최우수상으로 뽑혔습니다.

회전하는 도로는 언뜻 엄청난 것 같지만 발전에 이용되는 빗물의 배출로에 뜨게 만들었기 때문에 큰 동력을 필요로 하지 않습니다. 역이나 공항에 있는 움직이는 보도(에스컬레이터)를 반대방향으로 가게 하면 다른 사람들에게 불편을 주지만, 이 회전하는 도로는 어느 방향으로 돌리든, 어느 곳에서 타고 내리든 상관없습니다.

부도방식으로 보도를 움직이는 경우

14. 비가 오면 깨어나는 개구리

'개구리가 우니까 집에 가자~'라고 노래를 하면서 옛날 아이들은 집으로 가는 길을 서둘러 청하곤 했습니다. 그 때는 비가 내리기 전이었습니다. '들판의 개구리가 울면 비'(다무라 료사이) 에서 개구리 울음소리는 저녁이 오거나 비가 온다는 신호였습니다.

차단된 창문은 거리의 소리를 막을 뿐 아니라 빗방울이 떨어지는 소리, 빗물이 창에 부딪치는 소리도 가로막습니다. 비가 내리는 경치를 보노라면 무성영화를 보고 있는 듯해서 재미는 있지만 빗소리는 들을 수가 없습니다.

대규모로 빗물을 이용하고 있는 료고쿠 국기관이나 도쿄 청사의 옥상에는 강우 강도계가 있어서 비의 규모를 나타내는 전기신호가 건물의 중앙관리실 컴퓨터로 보내게 되어 있습니다. 그러나 이 방법은 미리 예측을 하지는 못하고, 길을 가는 사람들에게 비의 규모를 알려주

지도 못합니다. 그러나 컴퓨터에 보낸 전기신호를 바꿔서 거리의 전광 표시판에 비추고 독특한 환경 영상을 보여줄 수는 있습니다.

노는 마음으로 빗물을 이용하는 아이디어를 생각하게 되었습니다. 호타 가즈노부(Hotta Katzunobu) 씨는 '비가 오면 깨어나는 가파(의인화된 일본의 전설 개구리)'를 제안했습니다. 천막용 천을 사용해서 비를 알리는 것입니다. 굽은 산책로와 빗물 공원에 설치한다면 도움이 될 것입니다. 마쯔모토 마사키(Matsumoto Masaki) 씨의 아이디어는 '우류킹'으로, 이것은 안에 있는 물레방아를 탱크에서 흘러내리는 빗물로 돌려 실로폰 모양의 악기를 연주하도록 되어 있는 빗물 오르간입니다.

15. 공중목욕탕에서 빗물 목욕을

빗물을 이용하는 공중목욕탕도 '스미다 오아시스 구상'에서 힌트를 얻었습니다. 빗물을 목욕탕 옥상에 모아두었다가 화장실 물, 나무에 뿌릴 물, 방화용수, 비상시 음용수로 쓴다는 생각입니다. 정원에 '천수존'을 두고, 언덕을 만들어 나무를 심고, 둘레에 작은 기둥을 세워 높은 곳에 수조를 설치하여 저장한 빗물을 펌프로 끌어올려 낙차를 이용해 급수하는 계획이었습니다. 이것은 에도 시대(1603~1867)풍의 목욕탕이며 이름을 '천수존 센토' 공중목욕탕이라고 하였습니다. '천수존 센토' 자체는 구상만으로 끝났지만, 민영화로 실현된 '생태 목욕탕'의 원형이 되었습니다.

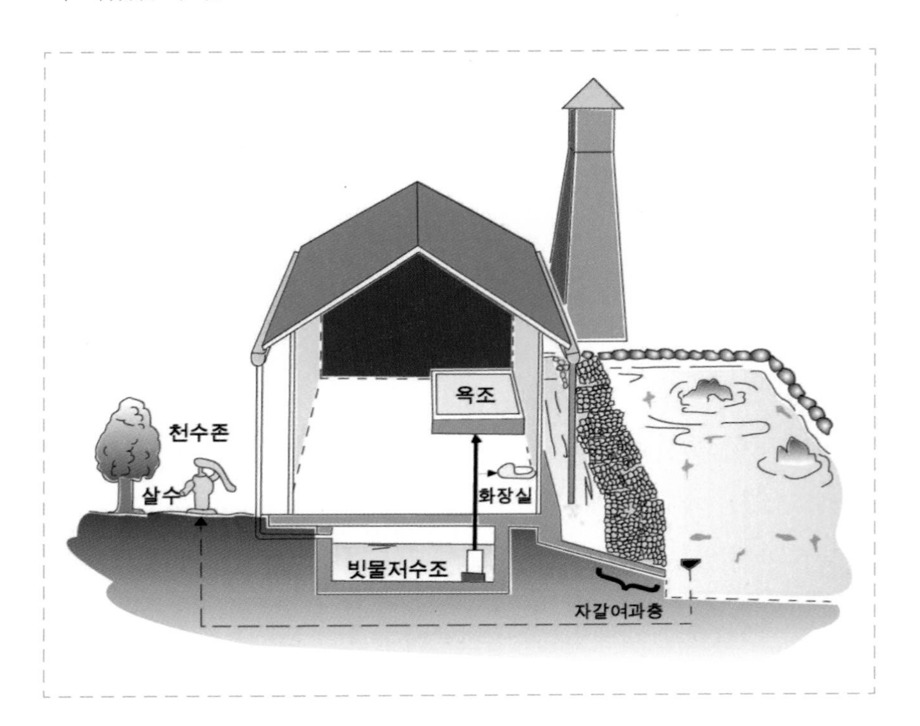

거리의 커뮤니티 센터 역할을 해왔던 목욕탕도 시대의 흐름에 따라 폐업을 하는 곳이 많은 가운데, 이 목욕탕은 생태 센터(Ecology center)란 이름으로 불리며, 현대적 감각으로 지역주민들에게 다가가고 있습니다.

1991년 개조할 때 빗물을 이용하기로 했습니다. 따뜻한 물은 수돗물과 광천수를 끓여 쓰고 있지만, 화장실 물과 작은 연못에는 넓은 지붕에서 모은 빗물을 씁니다. 입구에는 재활용 코너가 있어 빈 캔을 모으고, 모은 캔은 빗물로 씻어 수거차가 올 때까지 보관합니다.

16. 빗물을 정화하기 위한 지혜

공중목욕탕이나 수영장에서 쓰는 물은 사실상 공중위생법이나 그 조례로 제한하고 있습니다. 물은 법률적으로는 상수, 하수(생활하수, 화장실 배수), 중수(빗물, 하수 재이용) 등 크게 세 가지로 나뉘어 쓰이고 있고, 공중목욕탕이나 수영장은 상수도를 쓰지 않으면 안 되게 되어 있습니다. 빗물을 정화해 국가가 정한 상수도의 수질 기준에 만족하면 마실 수도 있지만, 그러기 위해선 이에 상응하는 설비가 필요합니다. 물을 많이 쓰는 곳일수록 설비가 커야 하고 비용이 더 듭니다. 빗물 이용을 장려하기 위해 융자도 해주고 있지만, 대상이나 금액은 제한되어 있습니다. 그래서 빗물을 쓰고는 있어도 대부분은 수질을 신경 쓰지 않아도 되는 화장실 물이나 화단용, 세차용으로 쓰고 있습니다.

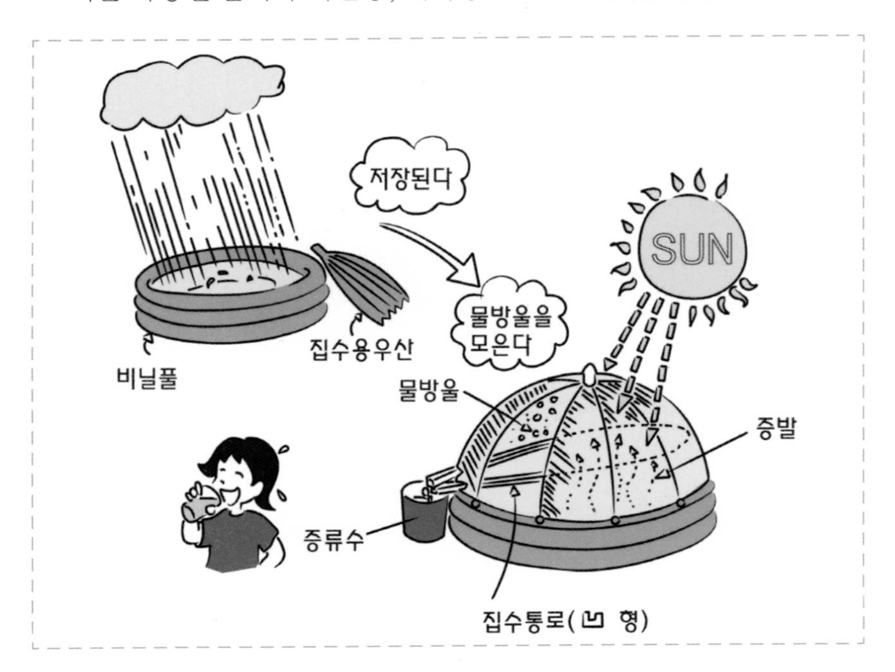

예부터 물을 쓸 때, 상수도가 없고 샘물도 우물도 샘솟지 않는 곳에서는 빗물을 모아 정화 처리하는 장치를 궁리하여 빗물을 마셔왔습니다. 이즈(Izu) 군도나 아마미(Amami) 군도, 오키나와의 자마미(zamami) 군도에서는 지금도 그렇습니다.

마찬가지로 대도시에 내리는 비도 마실 수 있으면 좋겠지만, 현실적으로 그것은 어렵습니다. 빗물이 지상의 배기가스에 오염되어 탁해진 대기를 씻으면서 내려와 오염되어 있어서, 마실 수 있는 수준까지 정화하는 것은 간단하지가 않을 것 같습니다.

상수도관이 파괴되었거나 상수원이 메말랐을 때, 도시에서도 빗물을 음용수로 바꾸어 쓰는 문제를 생각해 볼 수 있습니다. 그렇게 정화방법도 궁리하고 생활 습관도 바꿔 보면서 대기를 지금 이상으로 오염되지 않게 하는 노력도 필요하지 않을까요?

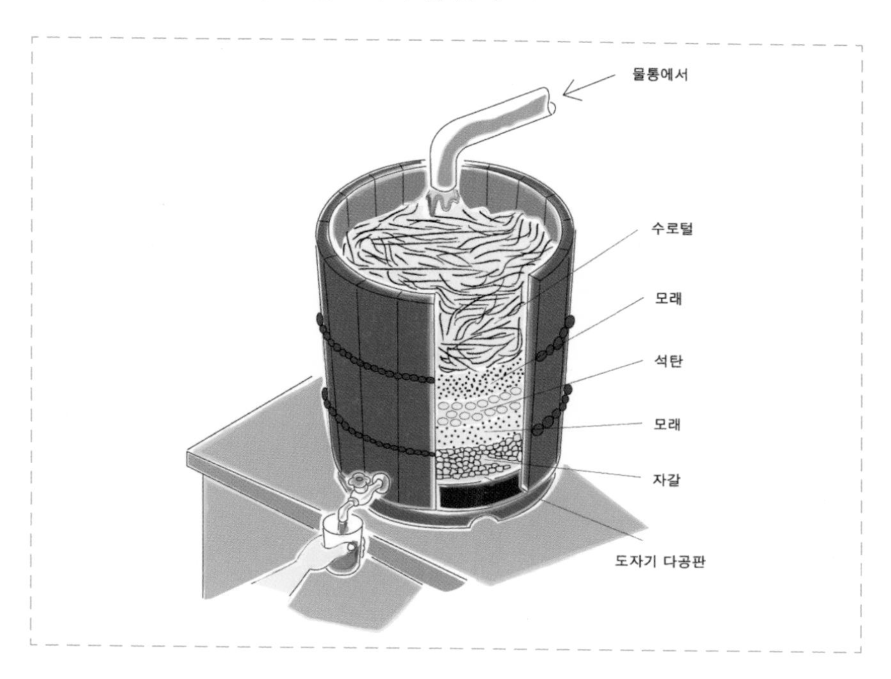

17. 빗물로 활기찬 주유소

일본에는 5만개가 넘는 주유소가 있는데, 대부분이 세차기를 갖추고 한번 세차하는 데 150ℓ의 물을 쓰고 있습니다. 창을 닦는 수건을 빨기 위해 세탁기가 24시간 돌아가고 있고, 급유 공간 표면에 정전기 방지를 위해서도 물 뿌리기를 하는 등 많은 물을 쓰고 있습니다. 주유소는 급유 공간 위쪽의 건축 차양(덮개, 둥근 모양의 지붕)으로부터 많은 빗물을 모을 수 있습니다. 주유소야말로 빗물을 이용하는데 매우 적합한 건축물입니다.

도쿄 이과대학 공학부 건축학과의 스즈키 노부히로(Nobuhiro Suzuki) 연구실에서 '비에서 활기를 얻는 주유소'를 과제로 한 대학원생이 설계연습을 했습니다. 세차나 살수용도로 빗물을 이용하는 것뿐만 아니

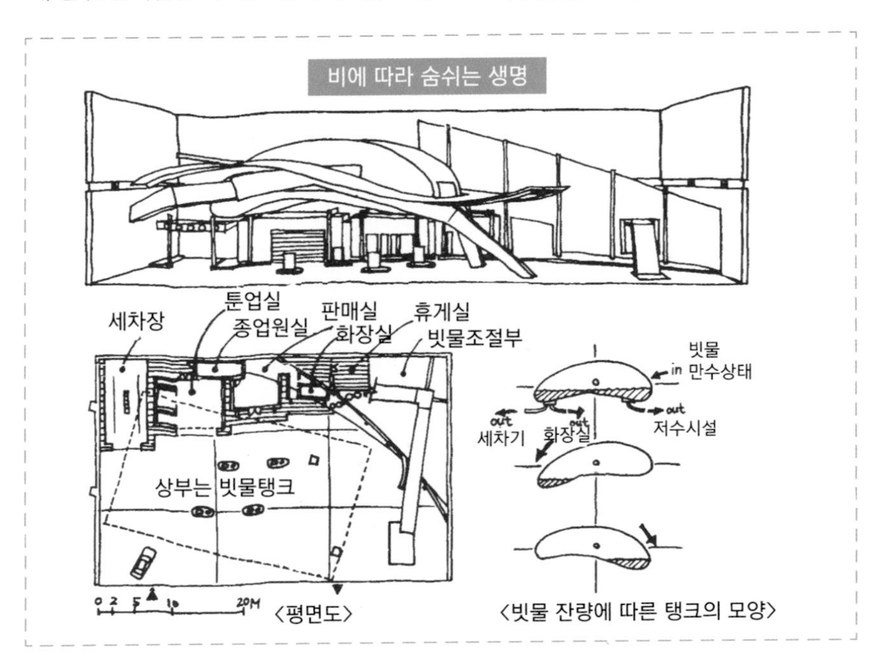

〈평면도〉

〈빗물 잔량에 따른 탱크의 모양〉

라 빗물 이용 공간은 미술품을 감상하거나 또는 휴식을 취하는 장소로서도 좋습니다.

주유소에 오는 사람뿐만 아니라 길을 가는 사람, 새나 풀도 염두에 두고 현실적 제약에 얽매이지 않고 자유롭게 아이디어를 생각한다는 취지의 과제였습니다.

'세차 대기시간이나 주유시간에 손님에게 제공하는 코너'에서는 빗물 분수, 빗물 커튼, 빗물이 흐르는 작은 물길, 천수존, 자투리 공간(작은)정원을 두는 아이디어가 나왔습니다. 거기엔 빗물이 떨어지는 상태, 빗물이 물길을 타고 흐르는 상태, 비에 젖은 바닥과 벽의 상태, 조명(빛)에 흐르는 물이 빛을 내는 모양 등이 포함되어 있습니다. 지붕 위에 꽃과 풀을 심어 비가 꽃과 풀을 적시면서 마치 땅으로 돌아가는 듯한 '도시의 오아시스' 아이디어도 있었습니다.

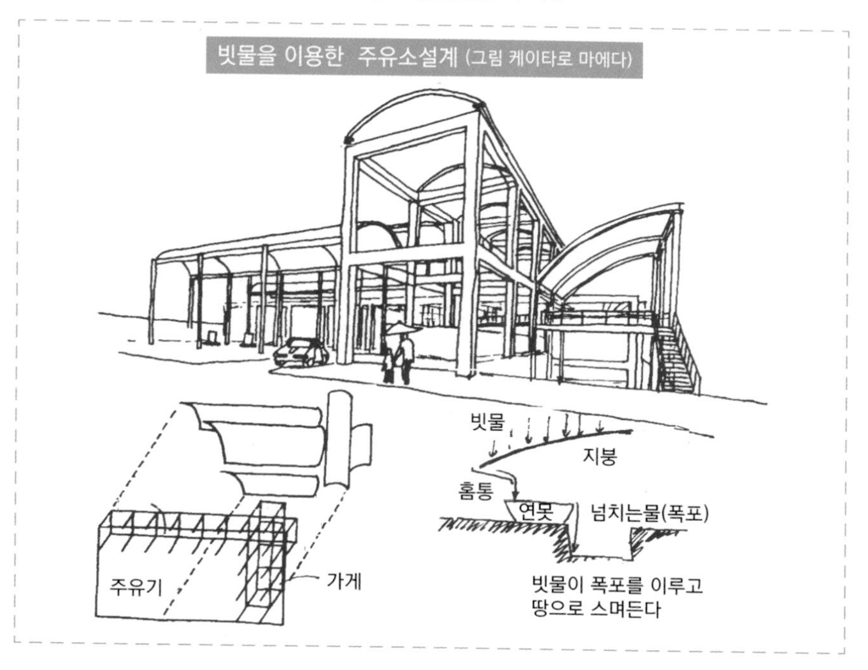

빗물을 이용한 주유소설계 (그림 케이타로 마에다)

18. 간단한 가정용 빗물저장탱크

집에서 빗물을 이용하는데 가장 큰 문제는 빗물을 모으는 장소와 유량 확보입니다. 단독주택을 새로 지을 때에는 철근 콘크리트제 빗물 저장탱크를 묻어 기초를 겸한다면 공간을 쓸데없이 차지하지도 않으면서 아주 싼 값으로 대용량을 확보할 수 있습니다. 또한, 살수용에서부터 화장실용수, 세차용수, 비상용수의 비축용에 이르기까지 본격적으로 빗물 이용을 할 수 있습니다. 이미 지은 집에는 정원에 저수조를 묻거나 이미 만들어진 빗물탱크를 사서 정원의 앞뜰이나 현관 앞에 둘 수밖에 없어서, 용량 확보가 어렵고 용도에 제한을 받습니다. 그러나 정원에 빗물저장탱크를 만드는 방법은 간단합니다. 필요한 재료는 공사 현장 등에서 쓰고 있는 폭이 넓고 튼튼한 비닐시트, 플라스틱 맥주 상자, 염화폴리비닐관, 우물용 펌프입니다.

정원에 웅덩이를 파고 밑부분과 측면에 비닐시트를 덮어, 그 위에 맥주상자를 뒤집어 쌓아 다른 비닐시트로 덮고, 마지막으로 염화폴리비닐관을 붙여 취수구에 펌프를 설치해 쓸 수 있습니다. 비용은 대부분 펌프값입니다.

도쿠나가 노부오(Tokunaga Nobuo) 씨에 따르면, 빗물탱크 천수존은 싼 값으로 설치할 수 있다고 합니다. 도쿠나가 씨는 스미다 구 이치테라 코토토이구 로지존(路地尊)을 설치한 사람이며, 실용적인 기기 응용 아이디어를 고안하기 좋아하고 빗물 이용을 장려하자는 마음으로 열심히 천수존을 손수 만들고 있습니다. 양어장에서 방호망을 펼칠 때 쓰는 반경질(중간 경도)의 폴리에틸렌제 부표에 투명파이프를 붙인 수위계, 빗물이 내려가는 하수도 취수구, 수도꼭지를 설치하여 직경 60cm, 높이 90cm, 용량 200 ℓ 의 도쿠나가식 천수존을 완성했습니다.

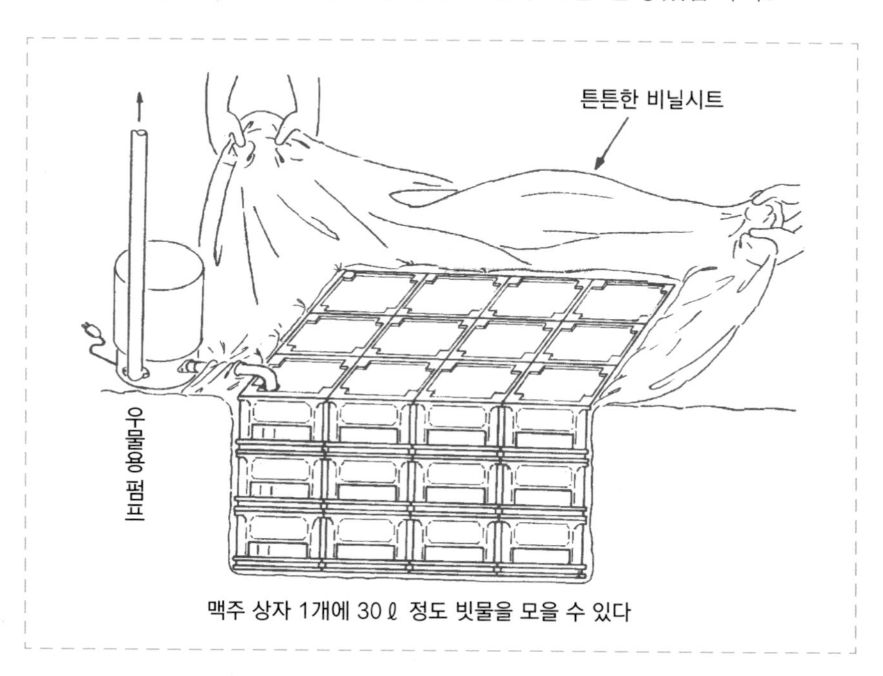

맥주 상자 1개에 30 ℓ 정도 빗물을 모을 수 있다

19. 간단한 블록 벽으로 보이지만

건물과 기둥이 맞닿아 있어 정원도 좁고 빗물탱크를 설치한다거나 지하저수탱크를 묻을 여지가 없을 때에는 어떻게 할까? 복잡한 도심에서 빗물을 이용하려고 할 때 떠오르는 벽…?! 벽이랑 울타리를 빗물탱크로 해서 사용하는 아이디어는 어떨까요?

우선 콘크리트 블록으로 만든 아주 얇은 형태의 빗물탱크가 있습니다. 보기엔 어디에나 있는 블록 벽이지만, 가운데 빈 부분에 칸막이도 없고 양 끝에 쑥 들어간 것(벽감)도 없는 형태의 시판품으로, 가능하면 방수처리된 것으로 철근 콘크리트기초 위에 어긋나게 쌓아, 중요한 곳(끝이랑 1.8m 간격 정도)은 철근으로 쳐서 고정시킵니다. 철근을 통한 콘크리트 블록에는 콘크리트를 채워 넣어야 하고, 맨 아래에 연결관을 설치합니다.

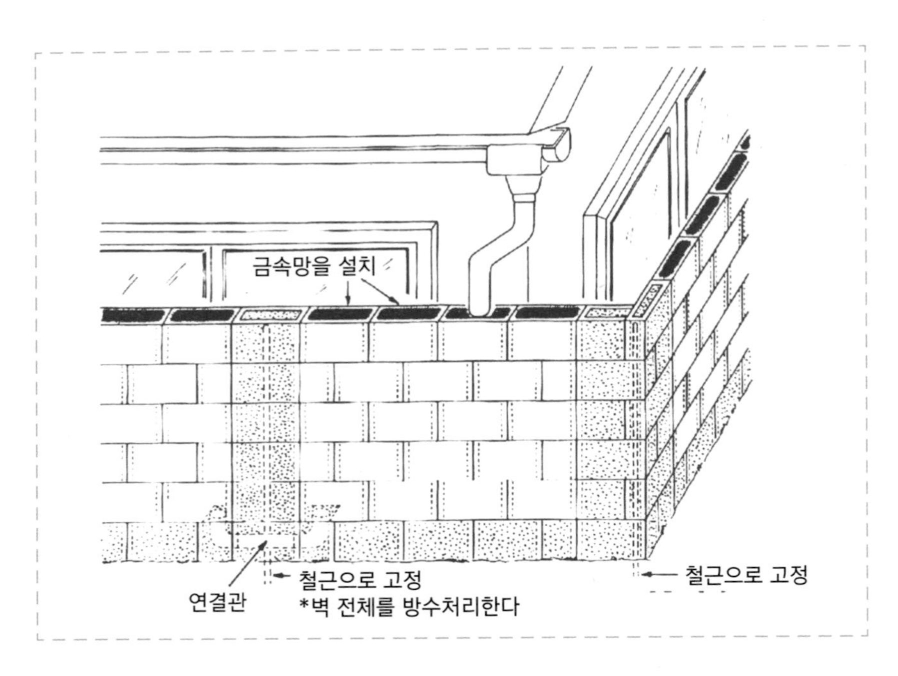

사실 이 아이디어는 우리 동료가 1993년 여름에 아프리카의 빗물 이용 상황을 관찰 조사하러 들른 보츠와나에서 본 것을 응용한 것입니다. 〈빗물 이용 아이디어 대회〉에서 노력상을 받은 간바라 요시히코(Kanbara Yoshihiko) 씨의 '공간 절약형 저수탱크'의 발상은 위에서 말한 것과 같으나, 공간을 좀더 확장하여 기초부분까지 빗물탱크로 쓴다는 아이디어였습니다.

동료 후카노 하지메(Fukano Hajime) 씨는 직경 100mm 정도의 염화폴리비닐관을 연결관으로 이어서 세우고 화단 주위를 둘러싼 빗물탱크를 제안했습니다. 간단하게 손수 만들 수 있으며, 주위에 화초를 심으면 빗물탱크는 보이지도 않습니다. 입간판 받침대도 겸합니다.

20. 빗물 이용에 기업들도 도전

〈빗물 이용 도쿄 국제회의〉를 하는 날에 선보인 '빗물랜드'라고 하는 전시에는, 도쿄의 두 기업이 빈 공간을 없앤 빗물저수탱크를 출품했습니다. 하나는 스테인레스제 '울타리 겸용 저수탱크'로, ㈜도테쯔(Totesu)에서 출품하였고, 또 하나는 플라스틱제 소형 빗물 저장 시스템 용기(Rain Oasis)로 ㈜동양화학 건재영업부에서 출품했습니다.

㈜도테쯔의 '울타리 겸용 저수탱크'는 유니트식 고안 절약형 저수탱크입니다. 두께 15cm, 높이 130cm, 폭 84.2cm의 스테인레스제 탱크 유니트(용량 151ℓ)를 좌우에 연속해서 조립해 세웁니다. 각 탱크 유니트는 역류 방지 확인밸브와 연통관으로 연결되어 하나의 탱크 기능을 합니다. 개발 단계에 있어서 가격은 미정이지만 머지않아 시장에 나올 것입니다.

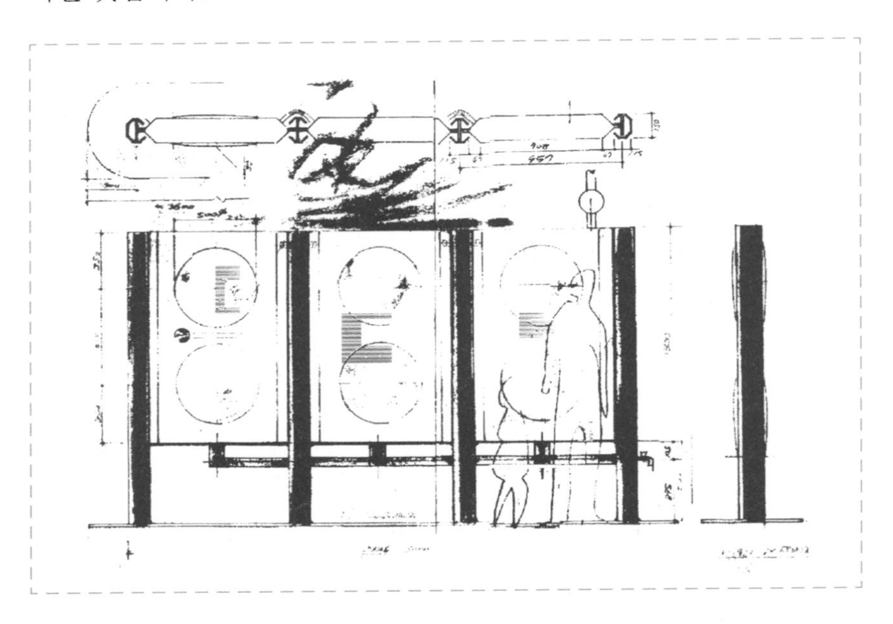

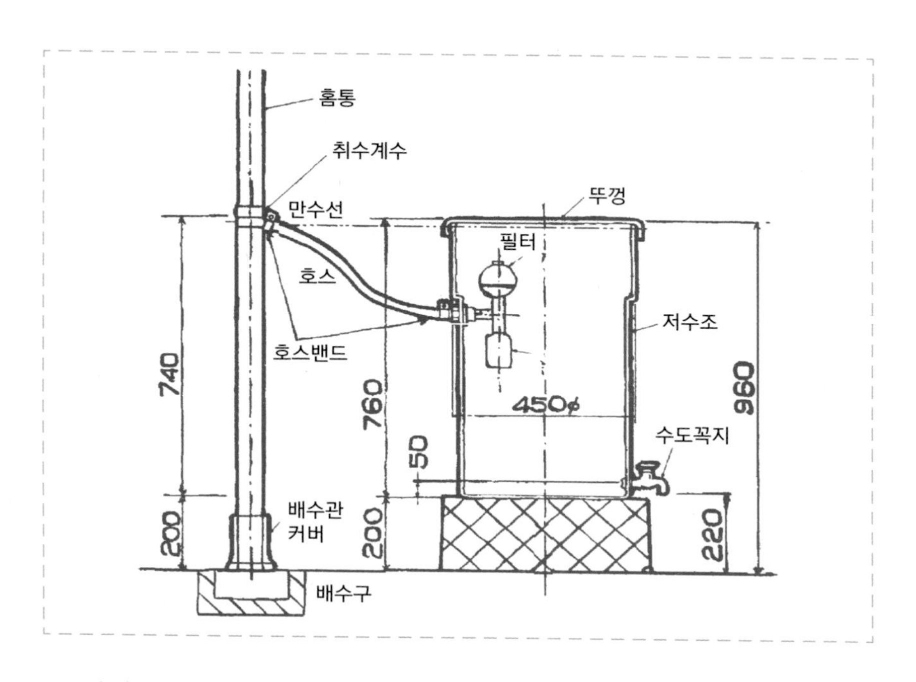

이것은 가게나 사무실에서도 사용하는 세련된 빗물탱크입니다. 이 회사에서는 염화폴리비닐파이프를 응용한 빗물탱크나 수직낙수홈통으로 구성된 초기 빗물 차단용 분류장치, 지하침투장치도 개발 중입니다.

동양화학의 레인 오아시스(Rain Oasis)는 45cm 직경의 통 모양 빗물 탱크(용량 100 ℓ)입니다. 빗물을 깨끗이 모으기 위한 간이침전, 여과장치(필터식)가 붙어 있어, 연립주택의 발코니에 설치해도 실용적인 제품입니다. 수직낙수홈통을 잘라서 취수 조인트들만을 연결해 누구라도 간단하게 설치할 수 있습니다. 이 회사는 일본에서 처음으로 염화폴리비닐관 수직낙수홈통을 제작한 회사로 빗물과는 오랜 인연이 있는 회사입니다. 빗물 이용에 많은 관심을 보여, 다음 목표는 레인보우 오아시스(Rainbow Oasis) 제2탄, 즉 연결해서 용량을 늘릴 수 있는 모델을 제작 중입니다.

21. 연립주택에서 빗물 받기 1 : 빗물받이 홈통을 이용

기존의 연립주택에서 각각의 세대는 어떻게 빗물을 모을까요? 안도 가츠지(Ando Katsuji) 씨는 수직낙수홈통 분기용 취수 장치를 고안해 이 문제를 해결했습니다. 옥상이나 발코니의 배수구에서 홈통으로 흘려보낸 빗물은 홈통의 안쪽측면을 따라 흘러내립니다. 이 사실에 주목한 안도 씨는 홈통의 분기형 장치 내측면에 판 모양의 고리를 붙일 것을 생각했습니다. 실험해 보니 흐르는 물의 대부분이 고리를 거쳐 분기관에 나뉘어 탱크안으로 흘러들어 갑니다. 빗물탱크가 가득 차면 탱크로 들어가지 못하고 홈통으로 내려가므로, 이 취수 장치를 붙인 주택만이 빗물을 독점하지 않고, 아래층 집까지도 쓸 수 있습니다.

같은 원리에 기초한 비슷한 아이디어를 간바야시 유코(Kanbayashi Yuko)씨가 발표했고, 이것은 사람들이 스스로 만들 수 있는 것입니다.

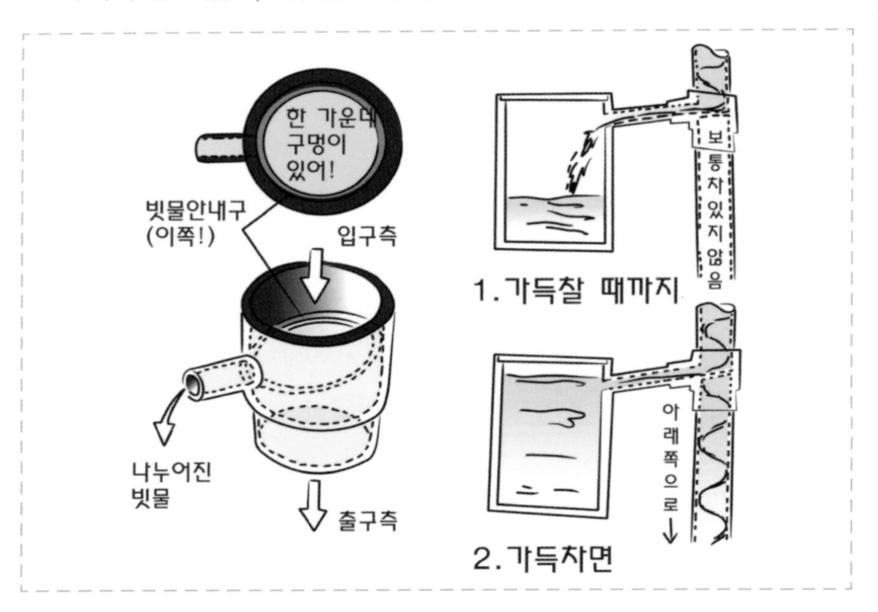

얇은 금속판이나 플라스틱판을 홈통 안지름(내경)에 맞게 둥글게 잘라내 말굽 모양으로 만듭니다. 그런 다음 홈통에 둥근 구멍을 내어 구멍에서 세로로 잘라 들어갈 수 있게 하여 그 자른 부분에 말굽 모양을 넣어 90도 회전시켜 고정합니다. 마지막으로 말굽의 원래 부분을 잡고 비닐호스를 접속시켜 완성합니다.

말굽 모양을 만드는 것이 쓸모없다고 생각하는 사람에게는, 풍선식 분류법이 있습니다. 홈통에 낸 구멍에 풍선을 넣어 팽팽하게 해서 고리를 대신하는 것입니다. 빗물탱크와 홈통으로 다시 붙인 파이프를 2개로 만들어서 빗물탱크가 흘러넘치는 부분을 홈통으로 다시 돌아오게 한 것으로, 아래층의 빗물 이용을 방해하지 않습니다. 이것은 이치가와 류(Ichikawa Ryu) 씨의 아이디어입니다.

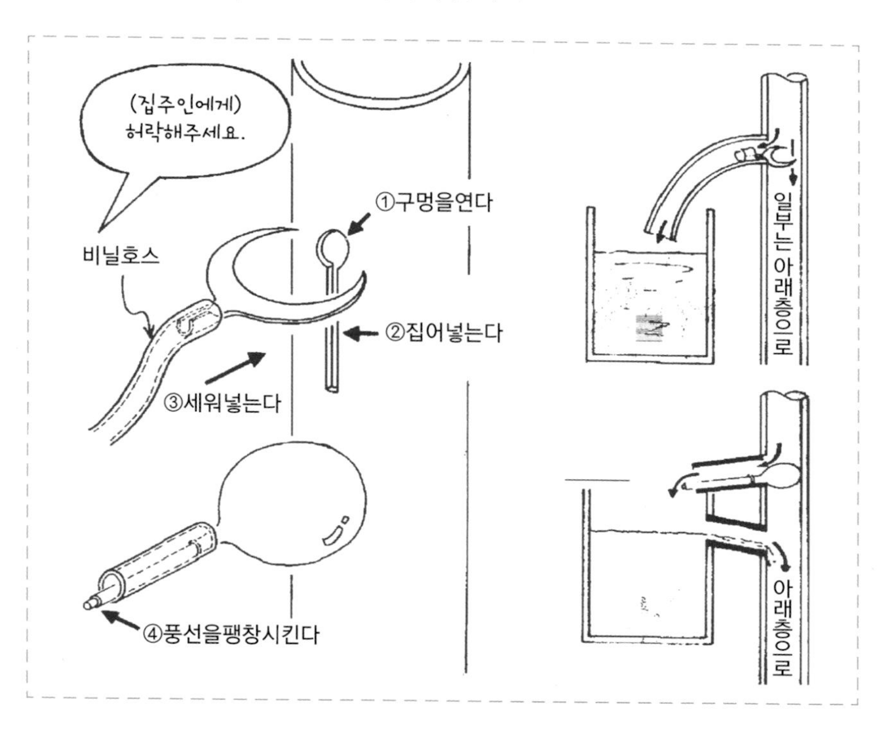

22. 연립주택에서 빗물 받기 2 : 비올때 피는 꽃

'비올 때 피는 꽃'이란 게 뭐지? 수중화 같이 비가 내리면 그걸 맞고 피는 열대식물을 말하는 것일까요?

쇼핑을 하다가 갑자기 비가 내려서 구입한 비닐우산이 남아있다면, 간단한 만들기를 해보지 않겠습니까? 우선, 우산대에 붙은 뿌리 부분에 정 같은 것으로 앞뒤 2개의 구멍을 뚫습니다. 다음에, 우산대 끝을 1cm 정도 잘라서 그 부분의 크기에 맞는 비닐호스를 집어넣습니다. 여기서 만들기는 끝입니다. 이 우산을 비 오는 날에 빨랫줄에 고정시켜 빗물이 손잡이를 타고 거꾸로 내려오게 합니다. 우산에 비를 모아 비닐호스로 흘러나오게 하는 것입니다. 연립주택의 베란다에도 간단하게 할 수 있는 이 방법은 간바야시 유코(Kanbayashi Yuko) 씨의 아이디어입니다.

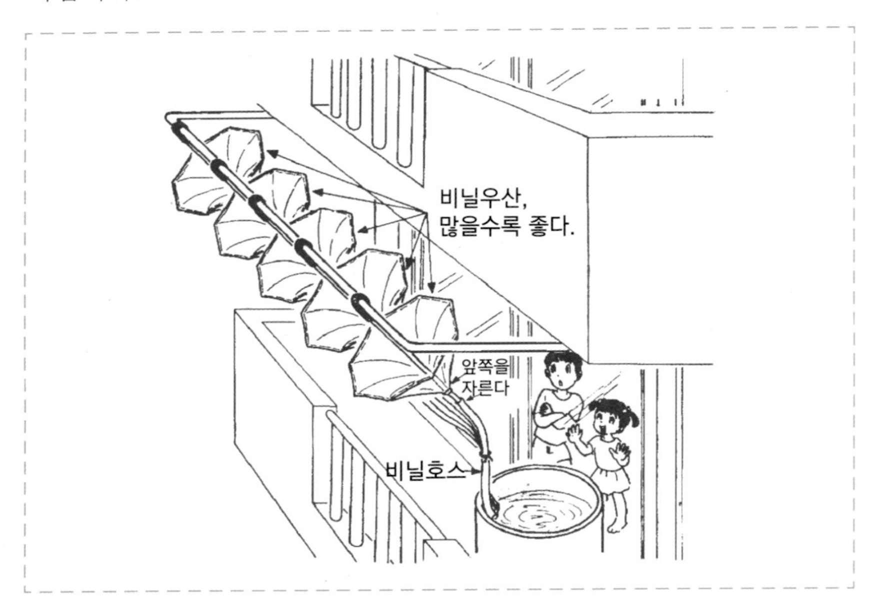

비닐우산이 없어도 우산대가 파이프 같은 것이라면 어떤 우산이라도 사용할 수 있습니다.

우산 매니아인 간바야시 씨는 소비 지향 시대의 산물과도 같이 한 번 쓰고 쓰레기로 버려지는 비닐우산이 아까워서 재활용을 생각한 것입니다.

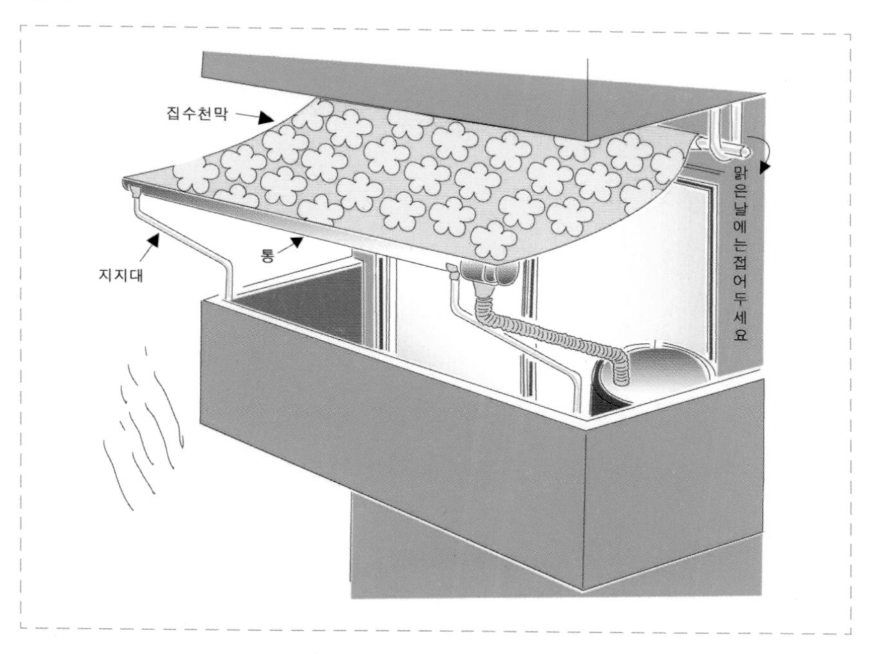

베란다에 빗물을 모으는 천막으로 햇빛가리개를 설치하여 비오는 날 꽃이 피게 할 생각을 하는 사람도 있었습니다.

호타 가오루(Hotta Kaoru)와 그의 아들입니다. 천막 끝의 수평 바에 염화폴리비닐관을 고정시켜 홈통 대신에 자바라관을 갖다 붙이기만 하면 되는 것입니다. 최근에 만들어진 천막은 화려한 디자인이 많아 이것이 여기저기에 있는 베란다에 화려하게 펼쳐져 있다면 주위를 환하게 만들지 않을까요?

23. 벽면에서도 빗물을 모을 수 있다

하늘을 향해 있는 지붕이나 옥상에서 빗물을 모을 수 있다는 것은 상식이지만, 건물의 수직면에서도 빗물을 모을 수 있습니다. 비는 수직으로만 내려온다는 법은 없기 때문입니다. 경사면을 통해서도 빗물은 흘러내립니다. 건물을 지을 때 벽면을 방수로 한다든지 창의 빗물막이를 검토하는 것은 그 때문입니다. '처마가 있어서'라고 안심을 하더라도 창틀 둘레나 처마 배수로의 갈라진 틈 등으로 비가 새어 들어오기도 합니다.

옛 집에는 깊은 처마가 사방을 둘러싸고 있어서 처마 밑 벽이나 창이나 문, 베란다가 비에 맞는 것을 막아주었습니다. 최근에는 처마의 깊이가 1.2m 이상 넘는 부분은 바닥면적으로 계산하지 않고, 내부면적을 조금이라도 크게 할 필요가 있어서 처마를 얕게 하고 있습니다. 알루미늄 창틀의 정교한 빗물막이 효과에 힘입어 처마도 없어지고, 비

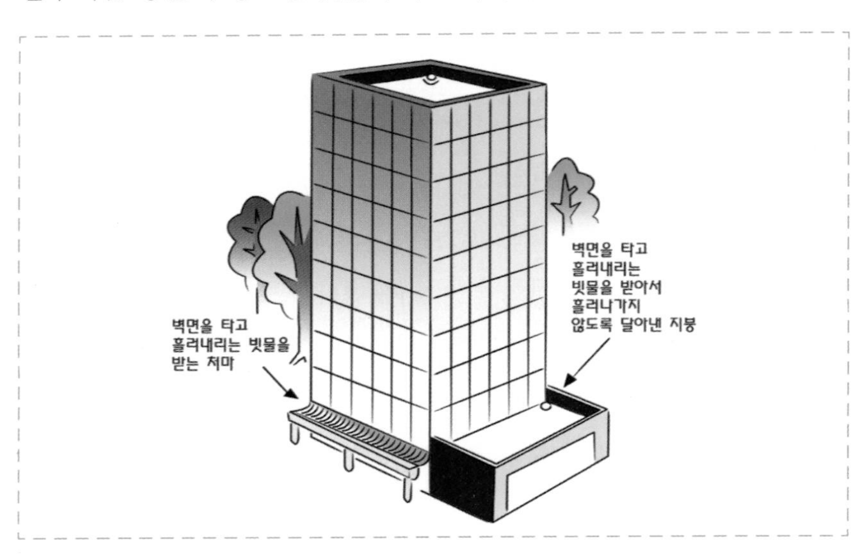

를 맞는 벽면도 많아지고 있습니다.

벽면을 따라 흘러 떨어지는 빗물도 모아쓰면 어떨까요? 건축가이기도 한 사토 기요시(Sato Kiyoshi) 씨가 제안했습니다. 〈빗물 이용 아이디어 대회〉에서는, 건물의 유리면을 타고 내리는 빗물에 관심을 둔 응모작품도 있었습니다. 2층까지는 흘러내리게 하여 1층의 처마에서 빗물을 받아 모은다는 것으로, 나가도 가즈오(Nagado Kazuo) 씨가 제안했습니다.

벽면 등 수직면에서 모을 수 있는 양은 수평면에서 모을 수 있는 양의 7% 정도라는 실제 측정값도 보도되고 있습니다만, 종래에는 50% 정도로 생각해 왔습니다. 만약 7%라고 해도 도회지에는 고층 건물이 많고, 한쪽 면의 면적만도 수평면의 몇 배가 되기 때문에 모을 수 있는 양은 결코 적지 않을 것입니다.

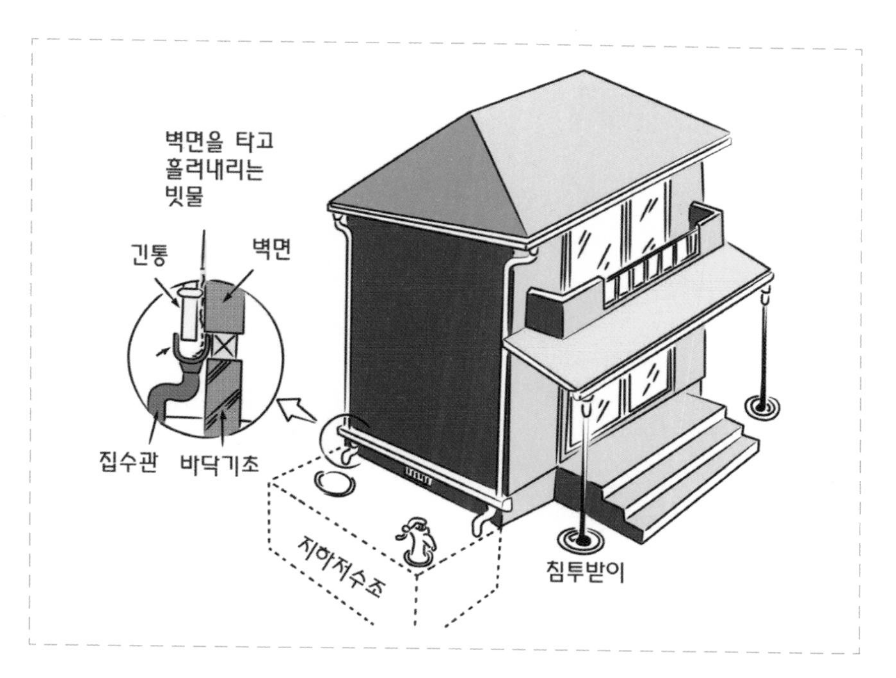

24. 빗물 세차

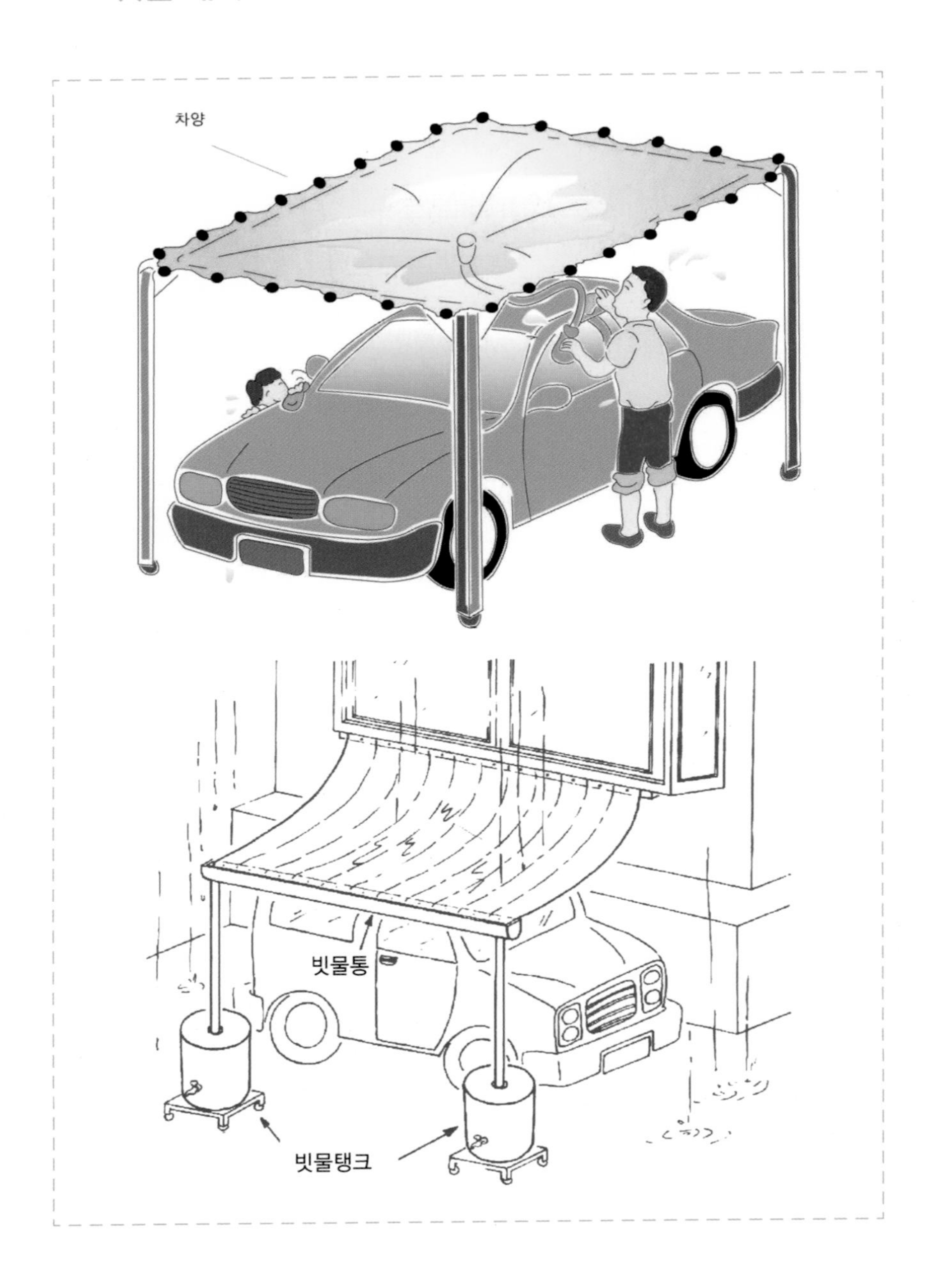

하와이의 빗물 이용 시설을 견학하러 갔던 동료의 말에 따르면, 달리는 자동차의 반은 일본차이고 더욱 놀란 것은, 그리 오래 되지 않은 모델의 차가 녹이 나있거나, 부식되어 구멍이 나있고 그걸 아무렇지도 않게 타고 다니는 것이었다고 합니다. 해변에서 염해를 받기 쉽기 때문이겠지만, 일본에서는 해변 길에서도 그런 고물차는 보이질 않습니다. 하지만 이것은 하와이 사람들이 차에 대해 별로 신경 쓰지 않아서도, 무관심해서 그런 것도 아닌 관습의 차이, 문화의 차이입니다. 가끔씩 폐차할 때까지 차를 이용하는 습관과 물건에 대한 욕심이 없어서 그런 것인지도 모르겠습니다.

어쨌든 일본인은 자신의 차를 깨끗하게 관리합니다. 덕분에 유료 세차장은 크게 번성하여 평일에도 하루종일 한가한 때가 없을 정도입니다.

한번에 150ℓ의 수돗물을 써서 오염시키고, 왁스로 화장해 언제나 번쩍번쩍 150ℓ의 물은 한 사람이 하루를 보내는 데 필요한 가장 적은 양(2ℓ)의 75배, 수자원이 부족한 하와이 사람들이 안다면 눈이 휘둥그레질지도 모릅니다. 그래도 수돗물에 들어있는 염소 때문에 차의 수명은 줄어들고 있습니다.

그래서 세차할 때 빗물을 쓰자며, 차양을 느슨하게 해 기둥에 걸쳐놓고 빗물을 모으고, 세차할 때는 천막 중간에 호스를 설치하는 식의 간단한 방법을 나가시마 히데다케(Nagashima Hidetake) 씨가 고안하였습니다. 〈빗물 이용 아이디어 대회〉에서 바로 제품화할 수 있는 점이 평가되어 노력상을 받은 아이디어입니다. 차고 지붕에서 빗물을 모으고, 지붕 기둥 밑에 설치한 빗물탱크를 쓰는 방법은 호따 가오루(Hotta Kaoru) 씨가 제안하였으며 이것도 실용적인 것입니다.

25. 모아놓은 빗물의 수질이 걱정되나요

1ℓ 종이팩에 빗물을 담아 팔고 있는 나라가 있습니다. 종이팩에는 Roaring forties라는 표시가 있습니다. 사전을 찾아보면 Roaring forties란, 북위 40~50도에 해당하는 북대서양 상의 폭풍우대를 나타내는 말이라고 합니다. 북위 40~50도에는 환경파괴 선진국들이 있고, 편서풍은 더럽고 탁해진 대기를 타고 움직이고, 빗물은 더럽기 짝이 없습니다. 사전에 적혀있는 이런 설명은 우리를 혼란스럽게 합니다. 그러나 포장 겉면에는 정반대의 남위 40~50도에 위치한 타스매니아섬, 오스트레일리아 최남단이 산지라고 쓰여 있는데, 타스매니아는 전 세계 가운데 가장 공기가 깨끗한 곳이라고 합니다. 그곳의 빗물이기 때문에 증류수에 가까운 깨끗한 빗물이겠죠.

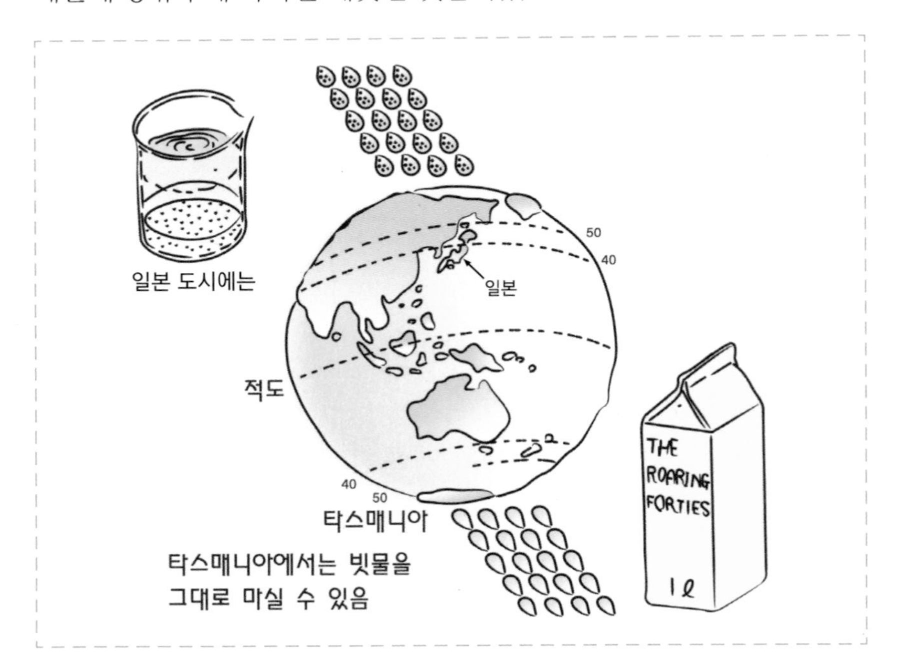

스미다 구의 빗물을 검사해보면, 깨끗하다고는 할 수 없지만 잡용수(다용도의 물)로 쓰는 것이라면 어떤 문제도 없고, 배관이나 다른 설비를 훼손할까 하는 걱정도 없습니다.

초기에 내린 빗물은 오염되어 매우 더럽지만, 침전과정을 거치면 도시에서 각종 용수로 쓸 수 있습니다. 이것을 끓이면 마실 수도 있습니다. 그래도 저장탱크에는 1년이 지나면 시커먼 침전물이 모입니다. 자동차나 공장에서 나온 매연이나 모래덩이입니다. 수질 검사 결과는 저장기간, 기상조건, 지역조건에 따라 차이가 있고, 산성비도 신경이 쓰이므로 빗물 이용을 제한시키고 평상시의 수질에 주의를 할 필요가 있습니다. 간단한 기구들(수온계, 만능pH시험지, 테스트 Kit, 투명도 관찰계, 투명 비닐봉지)을 사용하면 혼자서 간단하게 수질을 조사할 수 있습니다. 자세한 조사는 보건소에 의뢰하면 유료로 실시해주고 있습니다.

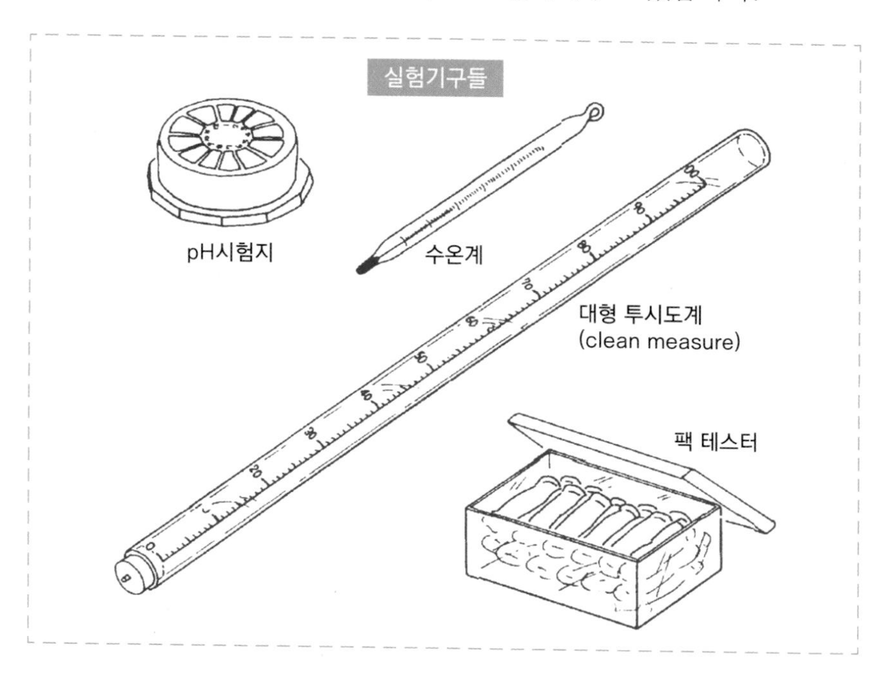

26. 초기 빗물 거르는 장치

히토미 다츠오(Hitomi Tatsuo) 씨가 산성비를 조사하기 위한 간단한 채집용기를 생각해냈습니다. 빈 페트병을 재활용해 손수 만들 수 있습니다. 필요한 재료는 1.5 ℓ 용량의 페트병 한 병, 병 입구보다 조금 큰 발포 스티로폼 공 1개, 얇은 비닐봉지 1장, 고무줄 1개와 조약돌 몇 개입니다. 이 페트병을 정원이나 처마에 매달아 놓고 내리기 시작하는 빗물을 받을 수 있으며, 만능 pH시험지와 테스트 Kit(현장 테스트 도구)를 사용해 산성도(수소이온 농도)를 조사합니다.

국가에서 정한 음료수 기준 pH 5.8~8.6 이내(낮을수록 산성, 높을수록 알칼리성)면 적합하지만, 도쿄에는 pH 4 정도의 빗물이 내리는 곳도 있습니다. 그러나 이것은 주로 초기 빗물에 대한 이야기이며, 비가 계속 내리면 대기도 깨끗해지고, pH값도 기준치 이내로 됩니다.

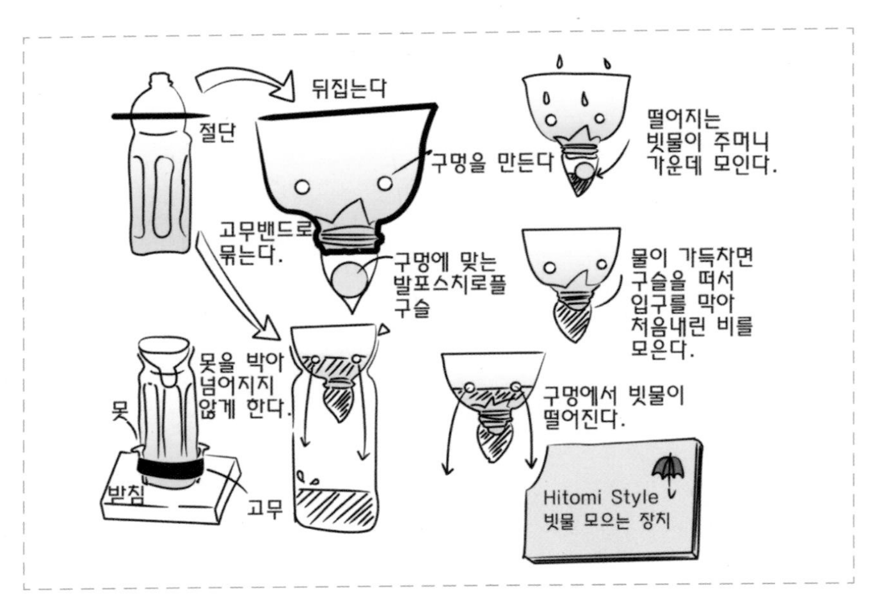

따라서 빗물을 사용할 때는 초기에 내리기 시작한 비를 걸러서 버릴 필요가 있습니다. 저류탱크가 작을수록 이렇게 할 필요가 있습니다. 이에 대한 아이디어를 몇 명이 궁리하고 있는데, 이 아이디어들의 원리는 한 가지입니다. 저류부분이 초기에 내린 빗물로 가득 차게 되면, 넘치게 되어 본래의 저류조로 흘러들어간다는 것입니다. 마츠모토 마사키(Matsumoto Masaki) 씨의 아이디어는 수직낙수홈통 밑부분을 초기 빗물 저류 부분으로 이용합니다. 홈통 끝에서 1.2m 정도 위에 취수구를 설치하여, 그 지점까지 초기 빗물이 차면 오염도가 적은 빗물이 비닐파이프를 타고 빗물탱크로 흘러들어옵니다. 비닐파이프 끝에는 페트병으로 만든 간이 여과장치가 있어서 그곳에서 빗물을 정화합니다.

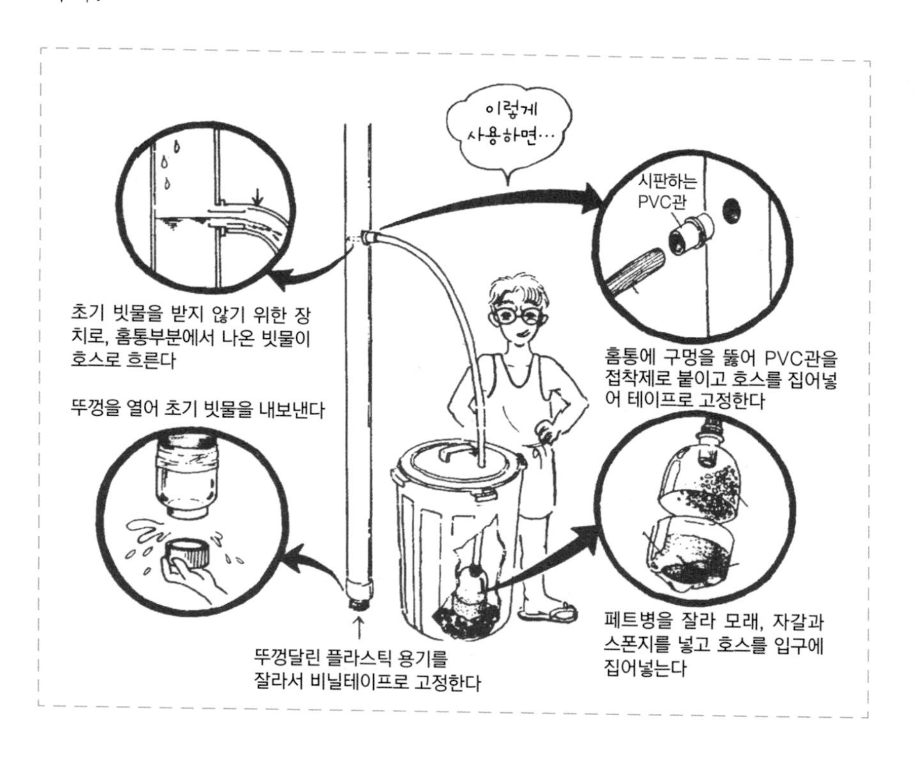

27. 빗물을 이용하는 쇼핑몰

아케이드에서 빗물을 이용하자며 뜻을 모으는 상점가가 있습니다. 스미다구 이시하라 3번가 '에코센토'에 있는 상점가인데, 5년 전에 회원 한 사람이 제안한 '스미다 오아시스 구상'의 가구 단위 빗물 이용을 이 상점가에서 실현하고 있습니다.

1950년대 중반 경부터 일본 곳곳의 가게들은 지붕을 만들었습니다. 그때는 아직 빗물을 이용하려는 생각은 없었고, 단순히 비와 햇볕을 피하자는 생각이었습니다. 지붕이 있는 건물의 처마에 내린 비는 하수도로 바로 흘러갔습니다. 비바람에 실려온 먼지가 처마를 오염시키고, 홈통에 달라붙어도 청소도 하지 않아 세월이 지나면서 낡아갔습니다. 계속 그대로 두었다면 상점가의 이미지에도 지장을 주었을 것입니다.

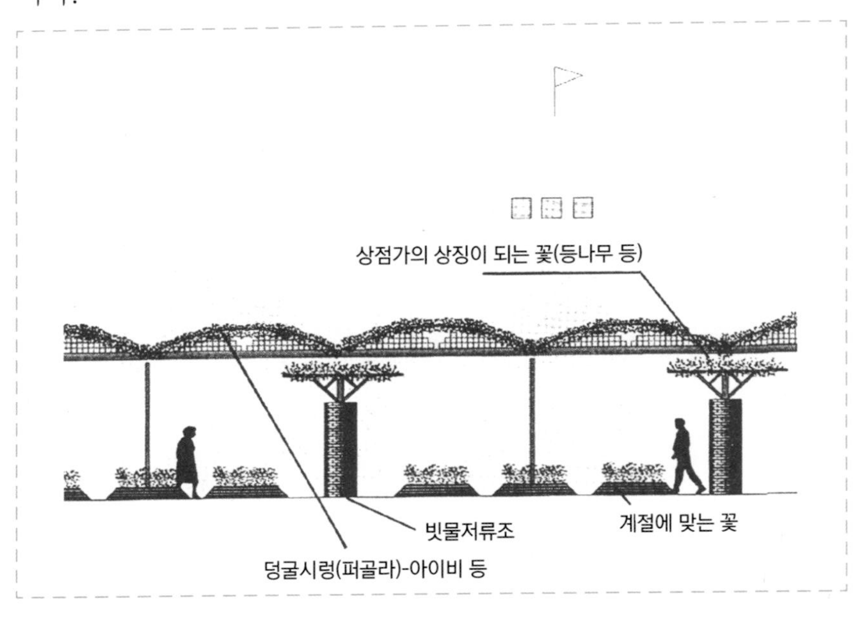

이시하라 3번가 상점가에도, '개축이냐 철거냐'하는 결단의 시기가 찾아왔습니다. 결론은 '비의 혜택을 받은 지붕이 있는 상가'로 개축하는 것으로 되었습니다. 지붕에 떨어지는 비를 주위의 건물 지붕이나 옥상에서 함께 모아 적극적으로 이용하자는 계획입니다. 처마에서 떨어지는 것만으로도 연간 700㎥ 이상의 빗물을 모을 수 있습니다. 투명도가 높은 소재를 사용해 처마를 만들고 태양빛이 비추는 밝은 지붕상가로 만듭니다. 처마의 지저분함을 씻어 내리고 또 여름철의 뜨거움을 서늘하게 하기 위해 자동 물뿌리기 장치를 설치했습니다. 스프링클러, 조명 또는 다른 용도에 사용하기 위하여 태양전지를 설치했습니다. 처마, 벽면이나 길가의 식물들은 빗물만으로 키울 수 있습니다. 이런 아이디어를 검토하면서 도쿄의 공동시설 설치사업조성금을 신청 중에 있습니다. 조성금을 받게 되면 구체화 작업에 들어갈 계획입니다.

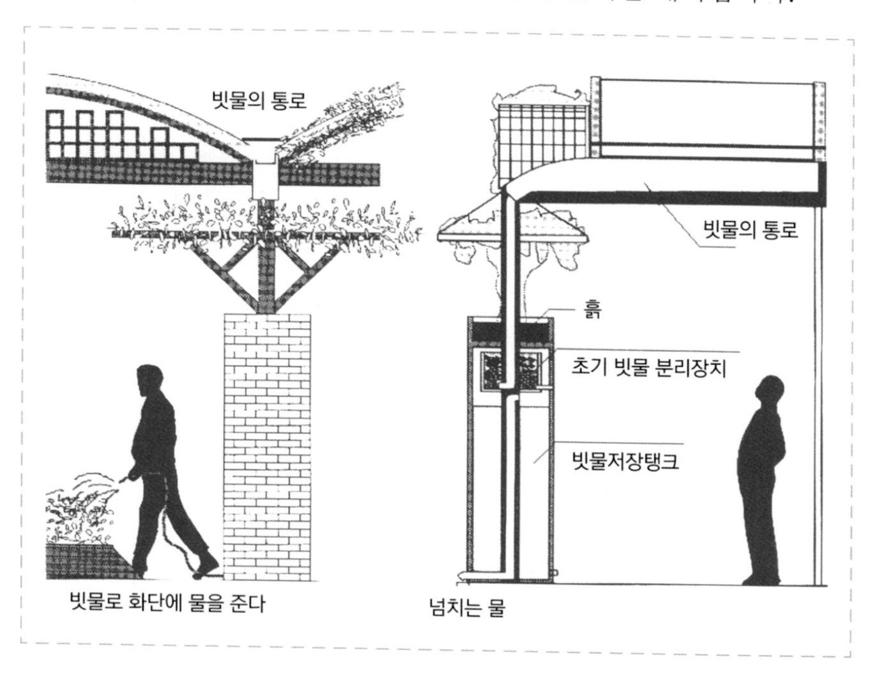

28. 빗물을 이용한 자연냉방기

빗물은 지면의 열을 낮추고, 잠열을 만들어 공기의 이동을 만들어 냅니다. 뿌리는 물도 같은 효과를 냅니다. 바닷가 마을의 여름, 낮 동안은 풍경소리를 내면서 집안까지 시원한 기분을 옮겨오는 바람이 저녁에 일시적으로 멈춰버립니다. '저녁의 고요함'입니다. 그러한 저녁의 조용한 때 무더워지는 것을 정원 앞에 물을 뿌려 달랠 수 있었습니다. 우리 동료인 사토 기요시 씨는 모아둔 빗물을 펌프로 퍼올려 옥상에 뿌리고 있습니다.

건축가이기도 한 사토 씨는 기계의 힘으로 덥거나 차가운 공기를 보내 강제적으로 대류시키는 공조방식을 벗어나, 자연을 이용(복사와 기류에 의해 더위와 추위를 느끼지 않게 해주는 공조방식)하는 방법을 권하고 있습니다.

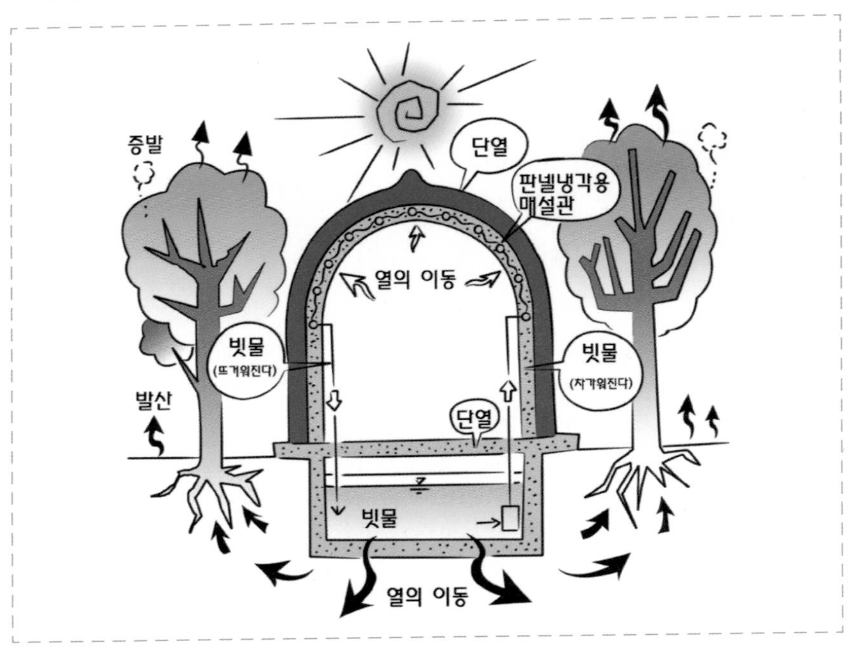

기계의 힘으로 공기를 대류시키는 공기조화방식은 너무 차갑게 하거나 너무 덥게 합니다. 에너지를 과잉으로 소비하고 건강에도 좋지 않습니다. 주변 기온이 체온을 밑돌게 되면, 손바람 같은 작은 기류(바람으로 체온이 내려가 서늘하다는 느낌을 준다)로도 시원하게 할 수 있습니다. 방을 닫아두지 않는다든지 건물의 몸체(마루나 벽이나 지붕)에 강한 빛과 뜨거운 햇볕이 없는 경우에, 바람이 불면 더위는 피할 수 있는 것입니다. 사토 씨 자신의 집에도 신축할 때 1층 천정 속에 빗물 파이프를 넣어 여름철 빗물을 순환시키고 지붕에 물을 뿌려 건물을 시원하게 하고, 복사와 기류를 이용해서 냉방을 하고 있습니다. 빗물은 기초공사를 할 때 묻어놓은 빗물저장탱크에 40㎥를 모아 그 물을 씁니다. 여름철의 물 온도는 바깥 공기보다도 낮아서 바로 그 온도로 건물을 서늘하게 합니다.

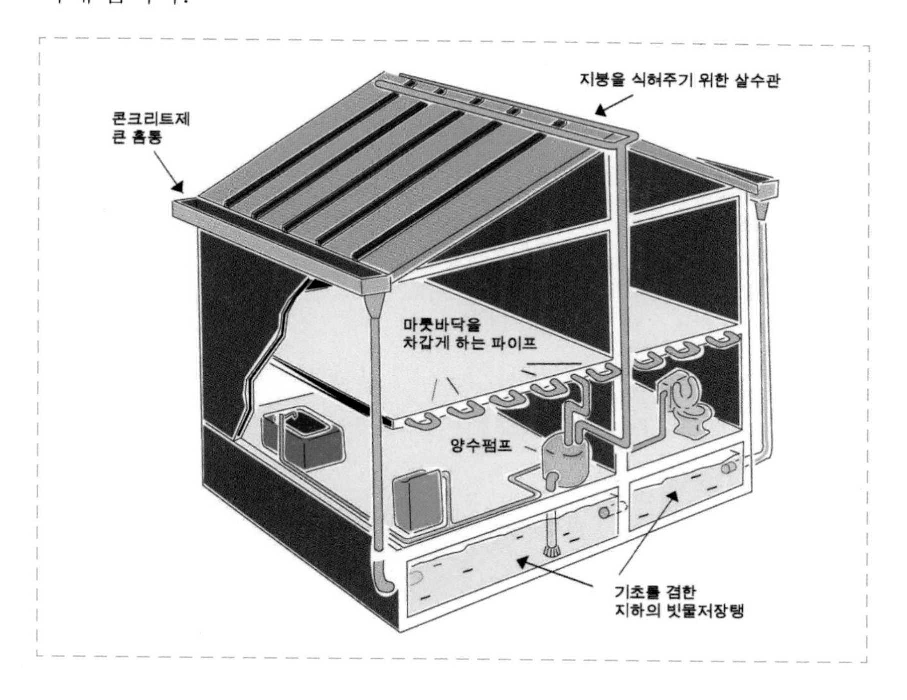

1. 황거(皇居) 주변의 빗물 활용

하야마 시게스(Hayama Shigesou)
테텐스(Tetens) 사업소장

에도(Edo)는 인구 100만이 넘는 세계적인 대도시였습니다. 급수를 위한 여과장치도 없었고 오염 정화장치도 없었습니다. 하지만 에도는 매우 깨끗한 도시였다고들 합니다. 물은 200㎞정도 떨어져 있는 댐에서가 아니라, 타마강이나 가까운 샘물 그리고 빗물을 모은 우물물로 공급했습니다. 오물은 채소 재배용 유기비료가 되었고, 빗물은 땅으로 스며 자연으로 흘러가고 있었습니다.

에도시대에 가능했던 물과의 공생, 순환, 자립이 10배나 팽창한 오늘날에도 가능할까요? 과거, 현재, 미래를 생각해 볼 때, 빗물의 문제를 그 유효이용, 도시형 홍수방지, 재해를 방지하는 수원으로 이용한다는 면에서 살펴본다면 여기엔 '물 자립 도시'를 위해, 집중형의 효율주의에 입각한 급수가 아닌, 효율이 떨어지더라도 분산형으로 지역, 건물마다 각각 대응하도록 고려하는 것이 중요하다고 생각합니다.

도쿄지하철의 누수 총량은 10년 전의 자료에 의하면 연간 약 850만톤, 5년 전에는 연간 약 1,300만톤 정도로 추정하고 있습니다. 그 대부분은 쓰지도 않고 하수도 비용을 지불하면서 하수도로 흘러갔거나 하천으로 흘러 들어가고 있습니다.(예를 들면, 도영 지하철에서 메구로 강까지)

여기서 한 가지 제안은 지하철의 집수거(pit)에 자연히 모이는 용천수를 하수도로 버리지 않고 각 지역에서 모아 빗물과 함께 잡용수로 이용하는 것입니다. 가능하면, 지하철 천정에 파이프를 돌려서 구내 전체 냉각을 해서, 천정 냉방과 같은 효과를 얻을 수도 있습니다. 또 모아진 용천수를 황거 주변의 호수에 환원 시키면 어떨까요?

지금황거 주변의 12개 외호는 가장 높은 곳인 치바케 연호(淵濠)에서 우시케 연호, 아오미즈호, 오오테호, 길편호로 흘러가고 있습니다. 한쵸호에서는 사쿠라다호, 합호(蛤濠)(길편호에 합류) 또 사쿠라다호는 기여호, 히비야호, 마장선호와 화전호에서 합류합니다. 황거 주변 외호의 총 면적은 378,000㎡, 평균 수심은 1.27m가 되어 수량은 481,000㎥ 정도가 됩니다. 에도 성을 세울 때 외호의 깊이는 2m가 넘었다고 합니다. 그 이후 염분이 많은 진흙이 쌓여서, 얕은 곳에는 물의 투명도가 거의 없습니다. 외호를 준설하여 외호의 용천수에다 지하철에서 새어나오는 물을 더하면 외호는 에도 시대의 옛 모습처럼 복원되어 세계에서도 유수한 경관이 되지 않을까요?

또, 외호에서 넘친 물이 배수구로만 흐르지 않고 인근 공공건축물에 배관해서 재해 방지용 용수로 이용할 수도 있겠죠?

---

2. 소피아(Sophia) 대학교 도서관

소피아대 기술고문

'황거주변의 빗물활용'이라고 하는 제안은 자연에너지 연구그룹-오시다 이사오(Oshida Isao-소피아 대학 명예 교수), 가와하라 이치로(Kawahara Ichiro 법정대학 교수) 두 분과 무라세마코토, 사토기요시, 거기에 본인까지 5명이 생각하여 치요다시와 도쿄 도에 제출했습니다만 아직 구체화되지 않은 것이 유감입니다.

소피아 대학 시부야 캠퍼스에 건설한 중앙도서관의 기본 구상에 저는 건설위원으로 참가해 태양열, 태양광, 자연환기, 빗물 이용, 복사 냉난방 등 자연 에너지를 포함한 환경 디자인을 적극 도입하자고 제안했습니다.

태양 열광으로 복사 냉난방, 급탕은 통산성의 에너지 절약대책의 보조금도 받아 실시했습니다. 창문으로부터 자연 채광이나 자연통풍(독일제 드레 킵(Dreh-Kipp)형 샤시 채용)도 하게 되었습니다만, 태양광발전은 공간만을 확보 하도록 되었습니다. 빗물이용에 있어서는 지하3층, 지상9층 건물로 지붕면적 2,340㎡의 도서관에 하루 약 5,000명이 이용할 것으로 예상하고 있는데, 잡용수(주로 화장실 물)로 쓰는 것에 대해 경제적 검토 끝에 (보조금 없이) 실시설계에 도달하는 결론을 내리게 되었습니다.

그즈음 신 국기관 기본 설계에 참가해 빗물 이용을 검토했습니다. 료고쿠 국기관에서 스모경기가 개최 되는 것은 1월, 5월, 9월에 총 45일입니다만, 그사이 3달씩 저수기간이 있어 면적이 약 8,400㎡나 되는 대형지붕에서 빗물을 모을 수 있어 집수 효율은 대단합니다. 일본의 대형 옥상건축의 이상적인 빗물 이용 시스템이 될 것으로 확신하고, 기본 설계 계획을 세우는 노력을 했습니다. 다행히 스미다시로부터 강력한 권고도 받아 실시하기로 결정했습니다.

소피아 대학 중앙도서관에도 빗물을 이용 하기로 했습니다. 여과 장치를 단순한 것으로 하여 공사비는 약 1,300만 엔이며, 8년 안에 투자비가 회수될 수 있습니다. 현재 연간 200만엔 정도의 수도요금을 절약하고 있습니다. 국기관에서는 재해방지용 수원 대책을 중시하여 고도의 여과장치를 설치하여야 하기 때문에, 설치비를 회수하는데는 시간이 걸릴 것 같습니다.

그밖의 소피아 대학의 건물에서는 모두 빗물을 이용하고 있습니다. 날마다 하늘로부터의 은혜에 학생들과 함께 감사드리며 맑은 날에는 태양열로 냉난방과 급탕을, 비 오는 날에는 수자원을 효과적으로 이용하는 방법을 연구하여 이미 20곳 이상에서 빗물 이용시설을 실현시켰습니다.

2 장

빗물을 모아쓰는 배경

자립과 순환, 공생

1. 해마다 1,500mm의 물을 버리고 있다

"비가 적고 수자원이 모자란 곳에서 빗물을 이용한다면 이해가 되지만, 비가 많이 내리는 일본에서 왜?"라고 생각하는 분도 계실지 모르겠습니다. 일본의 연평균강수량은 약 1,800mm로 세계 연평균강수량의 약 2배가 됩니다.

대기 중의 연평균 수증기량은 물로 환산했을 때 약 22mm가 되고, 강수량이 1,800mm라는 것은 대기 중의 수증기가 1년 동안 약 81회 순환하는 것입니다. 4~5일마다 수증기가 보급된다고 계산하면 이것은 저기압이 통과하는 빈도와 일치합니다. 일본은 좁은 면적에 1억 2천만 명이 살고 있으니까 1인당으로 나눠보면 연간 수자원의 양은 약 6,000㎥이며 이것은 세계 평균의 5분의 1밖에 안 됩니다. 도쿄는 1,778㎢의

면적에 1,200만 명이 살고 있으니까 일인당 연간 수자원량은 267㎥로 이것은 세계 평균의 0.6%밖에 되지 않습니다.

따라서 도쿄에 내린 비는 정말 중요한 자원입니다만, 그것을 이용하지 않고 하수도로 흘려버리고 있습니다. 지금까지는 물이 부족하면 상류에 거대한 댐을 만들면 된다고 안일하게 생각해 왔습니다. 다시 말해, "도쿄에 내린 비는 귀찮은 존재이고, 수원지에는 많은 비가 내리면 좋다." 이런 식으로 자신에게만 유리한 사고방식에 빠져버려 쉽게 말해 왔습니다.

"지금까지 하수도로 흘려버린 빗물을 수자원으로 바로 인식하고 도시에 수없이 많은 자신만의 '미니 댐'을 만들어, 할 수 있는 한 자립적으로 수자원을 확보하기 위해 노력한다" 이것이 빗물을 이용하는 가장 첫 번째 목적입니다.

2. 농촌을 희생하는 수자원 개발

도쿄는 400년 전 도심에서 20km 떨어진 용천수를 끌어와 간다(Kanda) 상수도로 물을 공급했고, 340년 전에는 40km 떨어진 타마(Tama) 강에서 취수했습니다. 지금은 190km 떨어진 산간의 거대한 댐에 수자원을 의지하고 있습니다. 본래 수자원은 도시 성장의 제한 요인이 되어왔지만, 도쿄는 수원을 먼 곳에서 계속 찾아내 장애를 극복하고 있습니다. 그러나 거대한 댐 건설은 상류의 산림을 벌채해 산을 깎고 많은 농경지를 훼손하여 오랫동안 발전해 온 농촌 문화를 사라지게 하고 있습니다. 물에 잠기는 지역의 주민들에겐 생활재건비가 지불되지만, 이것은 결코 돈으로 해결할 문제가 아닙니다. 도쿄 등의 도시 주민은 수자원 확보를 위해 상류지역에 사는 사람들에게 큰 희생을 강요하고 있는 것은 아닐까요?

토네 강 상류에 많은 댐을 만든 결과, 새로운 댐을 만들 수 있는 땅은 크게 줄어들었습니다. 거기에다 계획된 댐 개발도 주민의 반대에 부딪쳐 더디게 진행됩니다. 기존의 큰 댐들도 퇴사가 쌓여 해마다 유효저수량이 줄어들고 있습니다. 1987년 관동지방 가뭄 때 스즈키 순이치(Suzuki Shunichi) 도쿄 도지사와 당시 사이토 에이시로(Saito Eishiro) 경제인단체연합회장이 "시나노 강 분리 대구상"을 제시했습니다. 총저수량 10억㎥라는 초대형 댐을 건설해, 미쿠니 산맥에 터널을 뚫어 시나노 강의 눈 녹은 물을 끌어다 쓴다는 것이었습니다. 이에 대해 당시 키미 다케오(Kimi Takeo) 니이가타 현 지사는 "시나노강에서 물을 끌어다 쓰겠다는 생각은 자신의 수원 확보 노력은 하지 않고, 토네 강이 가능성이 없으니 시나노 강에서 물을 가져가겠다는 너무나 안일한 발상이다"라고 강하게 반발했습니다. 수자원을 다른 지역에 전적으로 의존한다는 것은 또 다른 문제가 될 지도 모릅니다.

3. 도시에 세운 작은 댐, 빗물탱크

가뭄으로 댐의 바닥이 보이기 시작한다는 보도가 있어도 도쿄 사람들에게는 그다지 실감나는 화제는 아닙니다. 그냥 건성으로 넘길 뿐입니다. 댐은 저 멀리 있고 볼 수 없기 때문입니다. 근처에 수원이 있어 날마다 그것을 이용한다면, 수자원에 대한 의식도 바뀌지 않겠습니까?

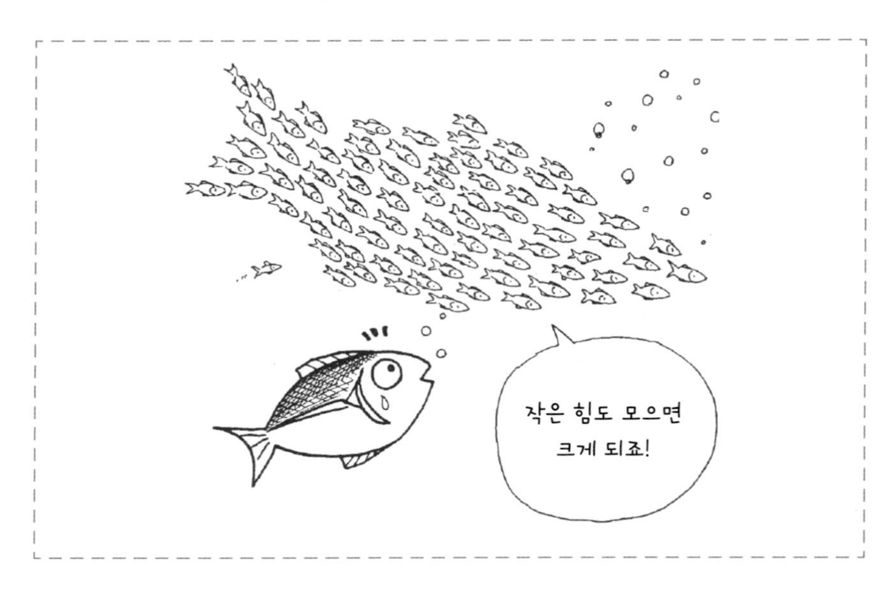

자신만의 수원을 확보한다는 것은 한사람 한사람이 비를 모으는 것에서부터 시작합니다. 도내의 단독주택마다 빗물 이용을 한다면 어느 정도의 물이 되는지 계산해봅시다. 도내 개인주택의 집 수는 약 150만 채, 한 집의 평균 지붕 면적은 약 60㎡니까, 연간 강수량을 1,500mm로 계산한다면 연간 저수량은 60㎡×1.5m×1,500,000가구=1억 3천 5백만㎥가 됩니다.

참고로, 이것은 구마 현에 있는 야기자와 댐이 도쿄에 공급하는 1년치 수량 1억 2천 6백만㎥를 넘는 양입니다. 다시 말해, 많은 작은 댐이 거대한 댐에 필적할 수 있다는 것입니다. 그러면 집집마다 빗물을 모아서 생활 용수로 쓴다면 빗물로 어느 정도나 대체할 수 있을까요? 개인주택의 평균적인 가족 수는 4명으로, 하루 평균 790 ℓ 의 물을 쓰고 있으며, 비를 모으는 것을 고려해 계산하면, {(60㎡×1.4m)/(800 ℓ ×365일)×100≒29%가 됩니다. 화장실 물의 양은 가족이 쓰는 전체 수량의 22%정도니까, 화장실 물은 빗물만으로도 대체할 수 있습니다.

4. 작은 댐은 비용도 경제적

1990년에 토네 강 상류에 지은 유효저수량 8,500만㎥의 나라마다 댐은 마을에서 멀리 떨어진 산간 오지에 만들었기 때문에 댐 바닥에 수몰된 농가나 농지가 없어서 수몰 지역 보상비용은 들어가지 않았지만, 17년의 세월과 1,352억엔의 건설비가 들어갔습니다. 엄청난 돈이지만, 이것은 댐을 만들어 그 물을 수돗물로 만들어 공급하는 데 들어가는 총 비용 중 단지 10~20%에 불과할 뿐입니다. 수돗물을 만드는 비용으로 말할 것 같으면 댐 건설비만이 아니라 강에서 물을 취수하여 정수장까지 송수하는 비용, 정수에 필요한 비용, 정수장에서 가정까지 배수하는 비용 등 막대한 에너지 비용이 듭니다. 따라서 실제로는 댐 건설비의 5~10배를 들여야 합니다.

더욱이 댐 개발에 적합한 지역이 줄어들면서 댐 건설 자체의 총 사업비는 앞으로도 점점 올라갈 것이라 생각합니다.

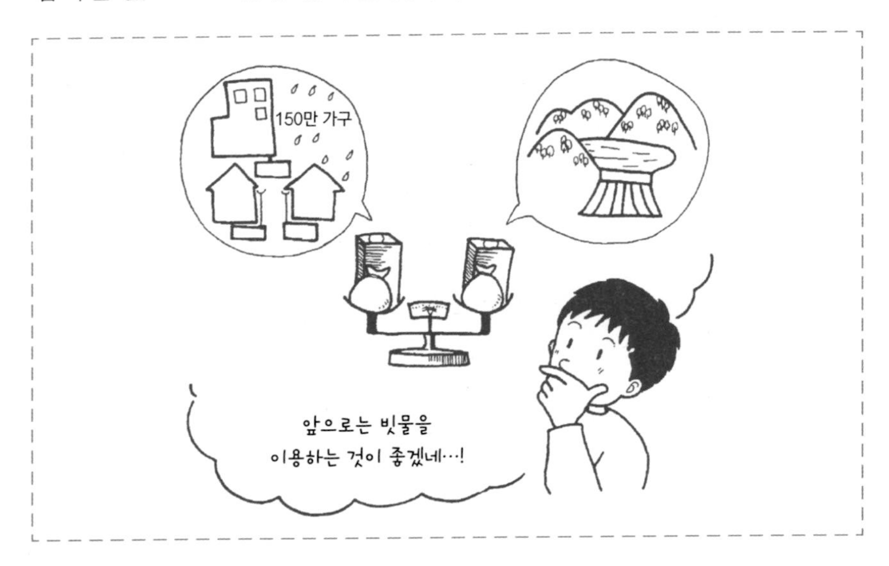

또한, 건설한 댐이 토사로 메워져 버린다는 문제도 있습니다. 저수용량이 17,580만m³인 토네강 유역에서 최대의 저수량을 자랑하는 야기자와 댐은 건설 뒤 약 15년 동안 2,300만m³의 모래가 쌓였고, 이러한 추세라면 50년 뒤에는 저수량이 절반으로 줄어든다는 계산입니다.

이에 대해 빗물 이용 시설(미니 댐)은 단기간에 설치할 수 있고, 쌓인 모래로 저수량이 줄어들지도 않습니다. 송수하는 데 드는 비용이나 에너지 비용도 들지 않습니다. 유지 관리도 쉽습니다. 지금 가정용 빗물 이용 시설설치비는 10m³의 탱크를 사용하는 데 50만 엔 정도 듭니다. 이것을 150만 가정에 설치한다고 한다면 총 저수량은 1,500만m³, 설치비는 7,500억 엔 정도입니다. 수많은 미니 댐은 비용 면에서도 거대한 댐과 비교할 수 없을 정도로 싼 것이 아니겠습니까?

5. 도시홍수, 강과 바다의 오염, 열대야

도쿄는 도로에 물이 넘치는 것을 막기 위해 하수도를 정비해 왔습니다. 그러나 하수도 보급률이 100%가 되었다고는 하지만 집중호우 때에 하수도가 역류한다든가, 중소하천이 범람해 도시형 홍수가 나고 있습니다. 해마다 도로가 아스팔트와 콘크리트로 덮이고 있어 빗물이 지하로 스미지 못하고 하수도로 함께 흘러가 도시형 홍수가 더욱 자주 나고 있는 것입니다.

도시형 홍수가 아니라 하더라도, 15mm가 넘는 비가 내리면 수천 군데의 우수토실(빗물이 넘치는 곳)과 수십 군데의 펌프장에서 하수가 처리되지 않은 채 가까운 하천이나 바다로 흘러가게 됩니다. 도쿄의 하수도는 '합류식'이기 때문에 지붕이나 도로에 내린 빗물이 부엌이나 수세식 변소의 배수, 공장의 폐수와 섞여 전부 한 개의 하수도 간선으로 배출되기 때문에 이것이 하천이나 바다로 들어가면 심각한 환경오염을 불러일으킵니다.

아스팔트, 콘크리트화는 사람의 건강은 물론 생태계에도 악영향을 끼치고 있습니다. 도쿄에서는 여름에 에어컨 없이는 지낼 수 없게 되었고, 에어컨으로 땀이 과도하게 줄어들어 자신의 몸을 통제할 수 없는 아이들이 늘어나고 있다고 합니다. 과거 100년 동안 한여름의 정말 더운 날은 그다지 늘지 않았는데, 최근 60년 동안 열대야는 계속 늘어나고 있습니다. 그 이유는, 아스팔트나 콘크리트는 열전도성이 높아서 한여름의 뜨거운 날씨로 열이 깊은 곳까지 전달되고, 이것이 일종의 열을 저장하는 장치가 되어 밤에 열을 방출하기 때문입니다. 또, 빗물이 지하에 스미지 않아서 지하수는 마르고, 지면은 건조해져, 밤에 내리는 이슬도 맺히지 않게 되어버렸습니다. 새들의 둥지를 만들기 위한 흙도, 먹이가 되는 벌레도 없어져 버린 도심에는 제비도 날아오지 않습니다.

6. 메말라가는 도시

지금으로부터 40여년 전에는 도시에 내린 1,500mm 정도의 빗물 가운데, 약 400mm가 증발하고, 500mm가 하천이나 바다로 흘러들고, 600mm가 땅속으로 스민다고 생각하고 있었습니다. 지하에 스민 빗물은 바로 지하수가 되었고, 약 300mm 정도는 샘물이 되어 도내 여기저기에서 용출되고 있었습니다.

도쿄 면적의 대부분은 해발 180m의 오메(青梅)로부터 동쪽에서 북동쪽에 펼쳐져 있는 광대한 무사시노 대지를 차지하고 있습니다. 이 무사시노 대지에 역동적인 물의 순환이 존재하고 있을 때에는(물 순환이 잘 될 때), 도내에는 많은 우물이 있어 도민들은 맛있는 샘물을 마셨습니다. 무사시노 대지에 내린 비는 지하에 스며들어, 도쿄 만을 향해 흐르고, 일부는 해발 50m 정도가 되는 대지의 가장 동쪽에서 샘물이 되어 넘쳐나고 있었습니다.

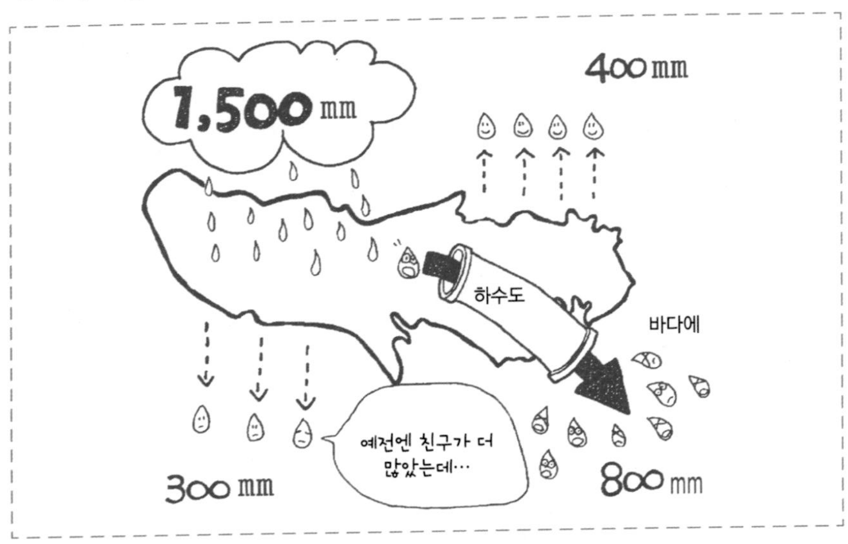

그러나 1950~60년대에 걸쳐 물의 순환을 무시하고 공장이나 건물에서 지나치게 깊은 우물을 파서 지하수를 써버린 결과, 얕은 우물은 말라버리고, 지반침하를 일으키게 되었습니다. 특히 도쿄 도심에서는 침하가 심각해 스미다 구에는 최고 3.5m가 내려앉았고, 도로의 대부분은 강보다도 낮은 제로 미터(zero meter) 지대가 되었습니다. 그 뒤, 도쿄에서는 지하수를 퍼올리는 것을 규제하고 있지만 도내의 샘물은 좀처럼 부활하지 않고 있습니다. 빗물의 지하 침투율이 나쁘기 때문입니다.

지금 지하로 흘러드는 양은 과거의 반 정도인, 기껏해야 300mm라고 합니다. 그 결과, 샘물도 30~100mm 정도밖에 나오지 않게 되었습니다. 한편, 강이나 바다로 흘러들어가는 비의 양은 예전보다 300mm 많은 800mm가 되어 도시형 홍수가 나기 쉽게 되었습니다.

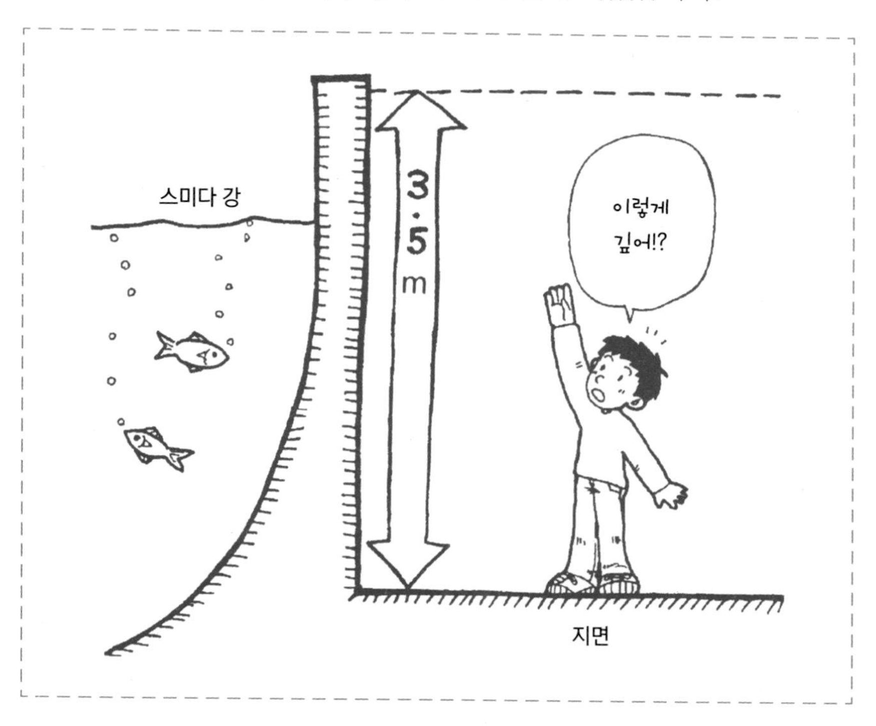

7. 빗물을 모아쓰고 땅으로 돌려보내자

이제까지의 도시형 홍수 대책은 "하수도나 하천이 비를 충분히 감당하지 못한다면 하천을 대규모로 개수하든가, 지하에 거대한 임시 저장조를 만든다든가, 대규모의 유수지를 만들든가 해서 거기에 일단 빗물을 저장해, 최고 유량이 지나간 후에 하천에 흘려보내면 된다"는 사고방식이었습니다. 그러나 비가 내린 바로 그 자리에서 모은다면 그럴 필요가 없어지는 것 아닙니까? 게다가 대규모의 지하건축물은 지하수맥을 차단시켜, 지하철이나 하수도가 그런 것처럼 지하수를 교란시키므로 지역의 물순환에 미치는 영향도 무시할 수 없습니다.

도쿄는 대규모의 하천 개보수와 거대한 지하 저수조 건설, 하수도관이나 펌프장 증설에 해마다 수천억 엔 가까운 돈을 들이고 있습니다. 그러나 도시형 홍수가 해결될 기미는 없습니다. 그렇다면 이런 돈을 빗물저장탱크나 빗물침투장치 설치에 쓴다면 어떨까요?

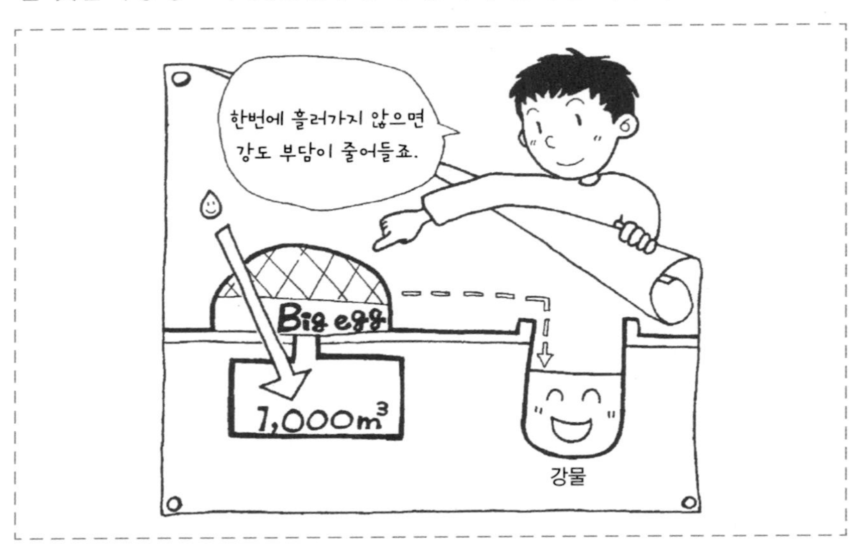

도쿄 돔에는 국가로부터 빗물 저류조 융자를 받은 용량 약 1,000㎥의 빗물탱크가 있습니다. 간다 강을 대규모로 개보수하는 것보다도 돔에서 빗물이 한꺼번에 흘러가버리지 않게 빗물탱크를 설치하는 방법이 비용 면에서 더 싸기 때문이라고 합니다. 스미다 구청에 있는 빗물 이용 시스템의 빗물탱크도 1,000㎥ 용량입니다만, 평상시에는 최고 500㎥밖에 빗물을 저장하지 않고 있습니다. 남은 500㎥ 분량은 홍수 대책용으로 비워둔 것입니다. 다시 말해, 이 빗물탱크는 수자원의 효율적인 이용과 도시형 홍수 방지라는 두 가지 목표를 동시에 가지고 있는 것입니다. 과거에 일본 위생공학회가 빗물 이용을 하는 건물에 그 동기를 조사한 결과, 대부분이 첫 번째 이유로 도시형 홍수의 방지를 꼽았습니다.

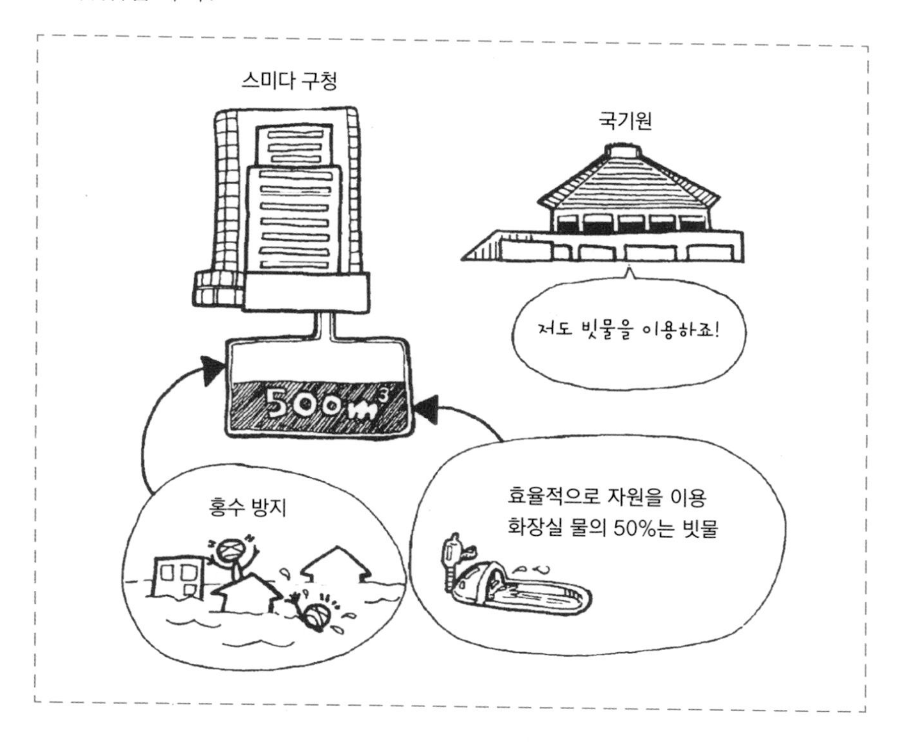

8. 투수성 도로포장은 여름 온도를 3도 낮춘다

지붕에 내린 비를 탱크에 저장하여 쓰고, 또한 땅에 내린 비를 지하로 스미게 하면 여러 가지 면에서 환경 개선 효과를 얻을 수 있습니다. 건물이나 부지에서부터 빗물을 한꺼번에 하수도로 내보내지 않아, 도시형 홍수가 나지 않습니다. 또한 처리되지 않은 하수를 우수토실이나 펌프장으로부터 하천이나 바다로 보내지 않게 되어 하천과 바다의 환경을 지킬 수 있습니다. 대부분 맑은 날에는 도시 하천의 물이 부족하여 비가 오면 금방 더러워 집니다. 만약 적극적으로 빗물을 지하에 스미도록 한다면 지하수가 넉넉하게 되고, 샘물이 다시 생겨나고, 하천 수량이 보존됩니다. 지속적으로 흐르는 물줄기는 하천의 자정작용을 높여 맑은 물이 되살아나게 합니다. 그리고 도시의 열섬(heat island) 현상도 억제할 수 있습니다. 투수성 포장은 종래의 포장에 비해 도로 위의 기온을 3도 정도 낮춘다고 합니다. 지하수가 넉넉해지면 맛있는 지하수를 마실 수 있게 됩니다.

9. 지하로 스미게 해 환경개선 효과

최근 '빗물 유출 억제형 하수도'라는 새로운 하수도가 주목을 받고 있습니다. 깨끗한 빗물은 땅속으로, 더러운 오수는 하수도로. 다시 말해, 빗물은 가능한한 지하로 스미게 해서 하수관에는 들여보내지 않는 방식으로, 네리마 구 등에 보급되고 있습니다. 이에 비해 종래의 하수도는 빗물과 하수를 따로따로 보내는 분류식 하수도와 빗물과 하수를 합쳐서 보내는 합류식 하수도가 있지만, 빗물을 하수관으로 흘려보낸다는 점에서는 분류식과 합류식이 차이가 없습니다.

또 다른 예를 들면, 도쿄 아키시마 시 수돗물의 수원은 100% 지하수입니다만, 시내의 주택단지에서는 지붕이나 바닥에 내린 비를 지하로 스미게 해서 도시형 홍수 방지도 하면서 지하수도 보존하고 있습니다.

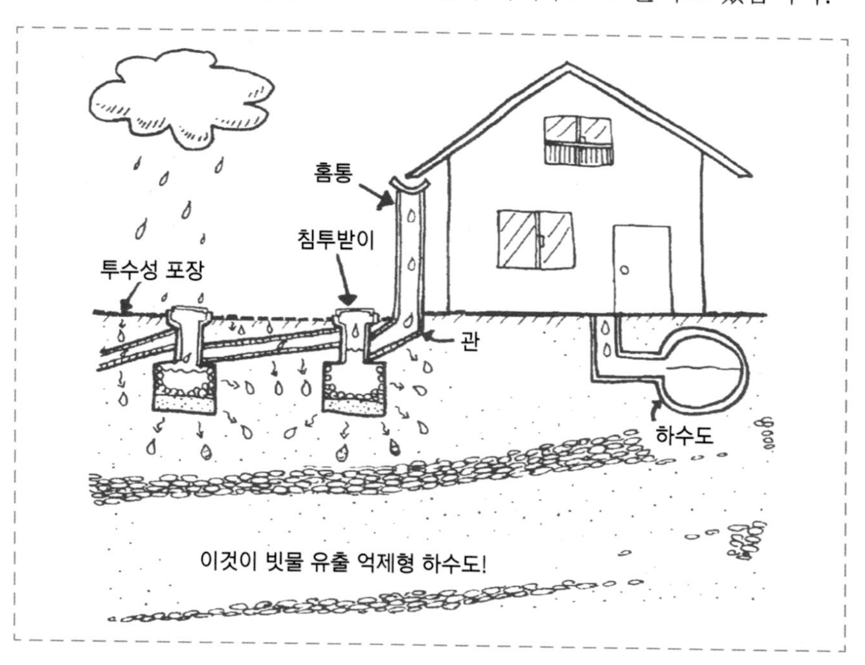

10. 가까운 곳에 있는 수원은 안심

1983년 11월에 이즈반도 미야케 섬에서 오야마 산이 분화해 이 섬에 있는 아고 지구의 많은 집들이 흘러 내려온 용암에 묻혀 버리고, 섬 대부분 지역에 공급되던 상수도도 심하게 타격을 받아 한 달 가까이 수돗물이 끊겼습니다. 하지만 미야케 섬 주민들은 당황하지 않았습니다. 이 섬의 수돗물은 염분과 경도가 높고 맛도 없어서, 예부터 집집마다 빗물탱크를 설치해 지붕에 내린 빗물을 모아, 마실 물이나 요리할 물로 써왔기 때문입니다. 수도가 끊어졌을 때, 본토에서 응급 급수용으로 FRP제 탱크가 운반되어 왔습니다만, 그 탱크도 수도를 복구한 뒤에는 빗물탱크로 쓰였습니다.

11. 재해로부터 스스로를 지키는 천수존

1923년 관동대지진으로 4만 명이라는 사망자가 난 스미다 구에서는 상수도도 심각한 피해를 입었습니다. 마루노우치로부터 응급 급수도 시도해 봤지만 잘 되지 않아서, 국기원 우물을 복구해 급한 상황을 해결했습니다.

이 사례가 보여주는 것처럼 재해 때 도시를 지키는 것은 가까운 수원입니다. 거리에 작은 빗물탱크를 많이 설치하는 것은 도시의 안전성을 높이는 것입니다. 에도 시대에는 길가 한 구석에 빗물통을 많이 놓아 이것으로 불끄는 일을 하였습니다. 이 빗물통을 모방하여 '천수존'을 도쿠나가 노부오 씨가 만든 것은 앞에서 소개했습니다. 5만 엔이 안 되는 비용으로 200 ℓ 의 빗물을 모을 수 있는 '천수존'은 도내에 거의 100개 정도가 보급되어 있고, 모은 빗물은 보통 식물에 물 주는 용도로 쓰고 있지만, 급할 때는 음용수로도 쓸 수 있습니다. 가득 차면 4인 가족이 2주 동안 마실 물을 공급할 수 있습니다.

12. 재난을 막고 지역 거점이 되다

지금까지는 재해 방지 용수 확보를 위해 공원 지하에 재해 방지용 저수탱크 설치만을 생각해 왔습니다. 그러나 재해 방지용 저수탱크에는 통상 1년 내내 물을 채워놓으므로 수질은 그다지 좋지 않습니다. 그런 이유로 앞서 말한 '천수존'은 빗물을 사용하면서 모으기 때문에 수질을 좋게 유지할 수 있습니다.

이 책의 제1장에서도 소개한 스미다 구 거리에서 볼 수 있는 '로지손(샛길 존중하기)'은 지역의 공동 '천수존'입니다. 1994년 6월까지 스미다 구의 이치테라 고토토이 지구에 4개를 설치했습니다. 대부분의 건설비는 스미다 구가 부담했지만 모든 주민들이 의견을 내고 유지관리도 주민이 자발적으로 하고 있습니다. 재활용이나 재난 방지 거점도 겸한 도로의 '에코로지 환경골목'도 그렇습니다. 우물을 가지고 있었던 옛길을 본뜬 에코로지의 모습은 과거 도시의 풍경을 연상시킵니다.

① 제1호기

② 제2호기
(불이 났을 때 양동이를 계속 날랐다는 일화가 있음)

③ 제3호기
(향도유계원 차원에서 유기 재배)

④ 제4호기
(재활용을 주제로 한 최고의 길)

⑤ 제5호기
(광장에 쭉 이어진 로지손)

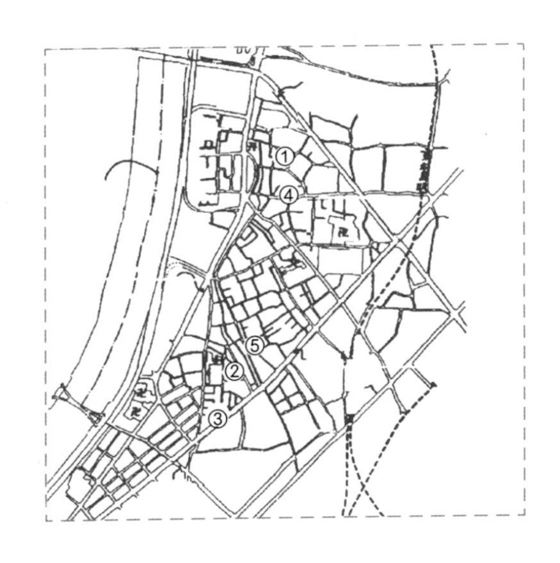

이밖에도 '무코지마 유기(Mukojima Yuki)'라고 불리는 재해 방지 채소밭이 있어서, 용량 9톤의 '로지손'에 모인 빗물을 보통은 채소의 유기재배에 쓰고, 갈수기에는 방재 용수로 쓸 수 있도록 용량이 부족하지 않게 설계되었습니다. '계절이 있다'는 의미의 '유계(有季)'에 유기재배의 '유기(有機)', 사람의 용기를 의미하는 세 가지 복합적인 의미의 유기정원은 창조적인 발상을 하는 사람들로부터 나온 이름입니다.

과거 마을 언저리의 공동우물 둘레에 사람들이 모여들었던 것처럼, 이치테라 코토토이 지구에는 '로지손'이 지역 연대의 공간이 되었습니다. 지진 피해나 화재 등 비상사태는 지역 사람들이 연대하지 않고서는 견뎌낼 수 없습니다. 스미다 구의 '로지손'은 방재용수를 확보하고 재해 방지를 위해 연대의식을 기르고 있는 것입니다.

13. 도쿄 회색 면사포의 위험한 성분

맑은 날에 도쿄 도청 전망 로비에서 바라보면 주변 부분까지 심하게 오염된 공기가 덮여있는 것이 보입니다 . 맑은 날 상공에서 멀리 내려다보면 짙은 회색의 면사포를 쓰고 있는 것 같습니다. 이 면사포는 온실의 유리 같은 역할을 해서 도시를 온난화시키는 첫 번째 원인이 되고 있습니다. 지상에서 배출되는 먼지(분진 등)가 안개 입자나 구름 입자로 맺혀 공기 중에 머물면서 면사포 모양으로 만들어진 것입니다.

빗물을 모으면, 면사포 성분이 가라앉은 것을 볼 수 있습니다. 빗물을 모으기 시작한 지 1년이 지나면 침전탱크 밑에 시커먼 먼지덩이가 가라 앉아 층을 이룹니다. 그 대부분은 디젤차에서 나온 배기가스라고 생각하고 있습니다. 디젤차에서 나온 배기가스 가운데 피린(Pyrine)류가 알레르기성 비염의 원인으로 최근 보고되고 있습니다. 또한 도쿄에는 폐암 사망률이 급증하고 있는데, 이 피린류가 그 첫 번째 원인으로 추정되고 있습니다.

자동차나 공장, 빌딩에서 나오는 배기가스 내의 이산화탄소가 비에 녹은 결과가 산성비입니다. 대기 중에는 탄산가스가 있어서 빗물은 약산성이 되는데 그보다도 강한 산성도를 띠는 것이 산성비입니다. 도쿄에도 강산성비가 내린 적이 있습니다.

다행히 도쿄에는 4~5일마다 비가 내려 오염된 대기를 씻어내고 있지만, 건조한 계절에는 그 기간 내내 비가 내리지 않으므로 도쿄의 대기오염이 심해지는 경우가 많습니다.

14. 지하수 보전을 위한 빗물 이용

빗물 이용은 지역에 따라 배경이나 목적이 달라집니다. 독일의 경우를 예로 들면, 독일은 수돗물의 수원인 지하수를 보전하기 위하여 빗물 이용을 추진하고 있습니다.

지하수는 빗물이 땅으로부터 스며들어 최초의 불투수 지층 위에 모이는 지하수(지하 약 30m 깊이까지 모이는 지하수로 자유지하수라고 부릅니다)와 그 불투수층 밑에 모이는 지하수(지하 30~400m 사이에 있으며 피압지하수라고 부릅니다)로 나뉘어집니다. 지하수를 수도수원으로 하고 있는 대부분의 경우는 피압지하수를 끌어 올려서 쓰고 있지만 피압지하수를 지나치게 사용하면 자유지하수는 말라버리게 되고, 지반침하를 불러일으킵니다. 피압지하수는 긴 세월에 걸쳐 자유지하수가 물이 통과하기 어려운 지층 사이에 고여서 만들어진 것입니다. 피압지하수를 화석화된 물이라 부르는 이유도 이 때문입니다. 다음 세대를 위해서도 피압지하

수는 신중하게 사용해야 합니다.

독일의 많은 도시들이 피압지하수를 수도 수원으로 쓰고 있지만, 그 중에서도 오스나브뤼크(Osnabruek) 시나 에어란겐(Erlangen) 시에서는 피압지하수를 보전하기 위하여 빗물을 쓰고 있습니다. 빗물을 쓰면, 그만큼의 지하수 사용량을 줄일 수 있기 때문입니다. 독일의 강수량은 일본의 반 정도밖에 되지 않지만, 시민-시 당국 모두 열심히 빗물 이용을 추진하고 있고, 빗물 이용을 위한 자금도 만들고 있습니다. 독일의 빗물 이용 방법은 일본과 기본적으로 같습니다. 지붕에 내린 빗물을 6㎥ 규모의 콘크리트 지하 빗물탱크에 모아 화장실 물 등으로 쓰고 있습니다. 넘치는 물은 지하수를 보전하기 위해 땅으로 스며들도록 하고 있습니다.

15. 왕복 5km를 걸어 물을 긷다

케냐의 빗물 이용을 조사해 온 빗물 이용 도쿄국제회의 기술부 회원들의 이야기에 따르면, 거기는 나귀가 200 ℓ 의 물이 든 드럼통을 실어 나른다고 합니다. 6~7명의 가족과 가축용으로 하루 400 ℓ 정도의 물을 쓰기 때문에, 나귀는 하루에 2번 갔다 와야 합니다. 나귀나 짐차가 없으면, 여자나 아이들이 물을 길어 나릅니다. 갈 때는 그렇더라도, 돌아올 땐 물이 가득 찬 물병을 머리에 이거나 등에 지거나 해서 왕복 5km 정도를 수 시간 동안 걸어서 나르고 있어 여성이나 아이들에게는 정말 힘든 노동이며, 물을 긷는 데 많은 시간을 들이고 있습니다.

케냐에서는 물 긷는 노동을 줄이기 위해 포스터 플랜(Foster Plan)이 빗물탱크 설치를 추진하고 있습니다. 포스터 플랜은 일종의 국제적인 친선제도입니다. 선진국의 원조 능력이 있는 개인이 개발도상국의 특정 아이의 부모가 되어 원조를 하는 것입니다. 이러한 재정적 원조는

아이의 교육이나 생활 개선뿐만 아니라, 아이들이 사는 지역의 시설 정비에도 쓰이고 있어 주택이나 지역 시설 개선의 일환으로 빗물탱크를 설치해오고 있습니다. 물 긷는 노동으로부터 해방되기 위한 빗물탱크 설치는 이웃 탄자니아에서도 펼쳐지고 있습니다.

세계의 많은 아이들이 오염된 강물을 마시고 전염병으로 죽고 있습니다. 지붕에 내린 빗물을 마신다면 안전합니다만, 손도 씻지 않은 상태에서 더러운 용기로 빗물탱크에서 물을 긷거나 해서 전염병을 옮기는 경우도 있으므로 위생교육을 철저히 해야 합니다.

16. 빗물 모으는 지붕 만들기

아프리카 보츠와나의 화폐단위는 비를 뜻하는 '풀라(Pula)'입니다. '풀라'보다 작은 단위로 쓰이는 '테베(Thebe)'도 빗방울을 뜻합니다. 다시 말해, 보츠와나에서 비는 정말 중요한 자원입니다. 실제로 보츠와나 남부 지역에 내리는 연간강수량은 도쿄의 약 17% 정도로 250mm 밖에 되지 않습니다. 1980년대에는 5년 동안 비가 오지 않았던 적도 있습니다.

일본의 빗물 이용에는 빗물탱크에서 넘치는 빗물을 처리하는 방법을 생각해야 하지만, 보츠와나에서는 모을 수 있는 빗물은 전부 모으지 않으면 안됩니다. 지붕에서 모으는 빗물만으로는 충분치 않아서 농촌에서는 땅에서도 빗물을 모았습니다. 딱딱하게 굳은 땅에 내리는 비를 간단한 장치로 여과시켜 지하의 빗물저장조에 모으는 것입니다.

이 방법은 가축의 분변 등으로 빗물이 오염될 수 있기 때문에, 태양열 이용이나 빗물 이용 기술을 연구해오고 있는 BTC(보츠와나 기술센터)가 최근에는 빗물만을 모을 목적으로 양철지붕을 건설하고 있습니다. 빗물탱크와 지붕 세트에 3,600풀라(18만엔)가 듭니다. 이것은 농가 연간 수입의 반 정도에 해당합니다. 그렇기 때문에 보츠와나에서는 빗물탱크를 도둑맞는 경우도 있어서 빗물탱크에 자물쇠를 채우기도 합니다.

남미 안데스 산맥에는 비가 적게 오지만 안개는 잘 생깁니다. 그래서 3,600㎡ 크기의 검은 망을 늘어놓아 안개를 이슬로 맺히게 해 물을 모으고 있습니다. 이 방법으로 하루에 최고 11㎥의 물을 모을 때도 있다고 합니다.

17. 홍수 때 모아두었다가 가뭄을 해결한다

태국 동북부 농촌에는 큰 하천이 없습니다. 더욱이 오래전에 바다가 솟아올라 만들어진 땅이라서, 지하수는 염분 농도가 높고 마실 물로는 적합하지 않습니다. 그래서 이 지역은 옛날부터 빗물 이용을 해왔습니다. 연간 강수량은 1,300mm 정도이지만, 건기인 10월부터 1월까지는 거의 비가 내리지 않아 홍수 때 철저히 빗물을 모으고 있습니다. 빗물탱크로는 11㎥ 규모의 빗물탱크와 0.6㎥ 규모의 물통 그리고 더 작은 물병을 쓰고 있습니다. 최근에는 지역 중심의 자원조직인 PDA(인구개발협회)가 빗물탱크 건설을 통해 지역 활성화 사업을 전개하고 있어 빗물탱크가 빠르게 보급되고 있습니다. 빗물탱크를 희망하는 가정에 PDA가 자금을 빌려주고, 빌린 가정은 빗물을 이용해서 가축을 먹이고, 그 축산 수입으로 빌린 돈을 갚아 나가고 있습니다.

이 사업을 통해 지금까지 물통을 포함해 약 1,200만 개의 빗물탱크를 보급했습니다. 국가가 일방적으로 빗물탱크를 설치해 주는 것이 아니라, 개인의 의지에 맡긴 것이 보급을 빠르게 했다고 합니다. 이 PDA 사업에는 독일과 오스트레일리아도 지원하고 있습니다.

태국의 빗물탱크는 과거에는 대나무 골조 콘크리트였지만, 대나무를 흰개미가 갉아먹어 빗물이 새기 때문에 지금은 철근 콘크리트가 주류를 이루고 있습니다. 초기 빗물을 분리하는 시설물을 갖춘 탱크도 있습니다. 탱크의 침전용 파이프는 분리할 수 있도록 만들어 비가 내리기 시작할 때부터는 이 파이프를 분리하여 초기 빗물을 흘러나가게 한 뒤 일정 기간이 지나면 밑의 밸브를 닫아 놓고, 그 위 탱크본체에 빗물이 모이게 합니다.

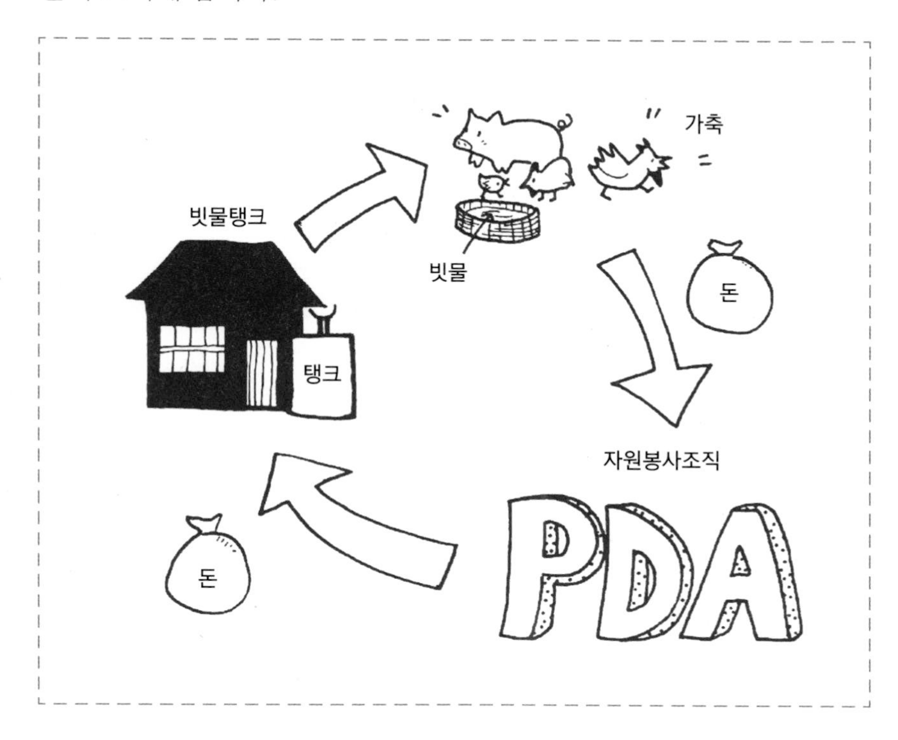

18. 빗물 이용은 세계 공통의 과제

오랫동안 말레이시아에서 물을 구입해 온 싱가포르에서는 1992년 경부터 싱가포르 공항에서 빗물을 이용하기 시작했습니다. 활주로에서 빗물을 모아 수세식 화장실에 쓰고 있습니다. 인도네시아 족 자카르타에는 상수수원인 지하수를 보전하기 위해 빗물 지하 침투를 의무화하고 있습니다. 독일에서도 앞서 말한 것처럼 지하수를 보전하기 위해 빗물 이용 보급에 심혈을 기울이고 있습니다. 덴마크나 네덜란드에서도 이와 같은 노력을 하고 있습니다.

도쿄에도 도시형 홍수 방지와 샘물 부활을 위해 빗물 이용을 추진하고 있고, 빗물을 지하로 스미게 하는데 시민단체도 노력 중입니다. 스미다 구의 빗물 이용에 대해서는 앞에서부터 말해 왔습니다.

고가네이 시에서는 시의 도움으로 1994년 17,650개의 침투성 빗물받이를 개인 주택에 설치했습니다. 이것이 넓게 퍼져 무사시노 전역에 빗물이 스민다면, 도쿄에도 말라버린 지하수가 다시 살아나 맛있는 물을 마실 수 있는 날이 올 지도 모르겠습니다.

도쿄가 겪는 가뭄과 홍수, 지하수 고갈 등의 물 문제는 정도의 차는 있지만 세계 각 도시가 공통으로 겪고 있습니다. 21세기에는 세계 인구의 60% 가까이가 도시에 살 것으로 예상합니다. 빗물 이용과 지하 침투를 계속 추진해서 지역에 필요한 물은 가능한 한 그 지역에서 구하도록 합시다! 수원의 자립과 지역 물 순환의 재생 및 보전은 지속 가능한 도시 발전의 첫 걸음이 아니겠습니까? 그러기 위해서도 지금부터는 빗물 이용의 지역 간 실천교류를 활발히 해야 합니다. 이번에 열린 빗물 이용 도쿄국제회의는 이러한 네트워크를 구성하는 기초가 될 것입니다.

빗물을 이용한 양어장 [스리랑카]

1993년 10월 도쿄국제회의 기술연구회에서 해외의 빗물 이용에 대한 의견을 공모하기 위해 <워터라인(Water Line)> 잡지에 수자원을 위한 대책기술 부분에 광고를 냈습니다. 7개의 참가작 중 스리랑카 교회의 빗물 이용 프로젝트가 최우수상을 받았습니다. 왜냐하면 이 아이디어가 협의회의 논지와 근접하기 때문이었는데, 이 아이디어는 지방의 생활수준 향상에 큰 기여를 하였으며, 공동사회의 연관성을 강조하였습니다. 실론교회는 겔르 시 교회의 해발 90m 언덕에 있는 기독교 전도 복지기관입니다. 그곳에서는 가난한 아이들과 임산부 그리고 유모를 돌보아줍니다. 또한 약물중독자에게는 사회복귀 프로그램을, 실업 여성과 젊은 이들에게는 직업훈련을 제공합니다. 본래 교회는 22.5m 깊이의 우물을 수원으로 사용하였습니다. 그러나 최근 한 우물이 일년에 6개월 동안 거의 말라버렸습니다. 게다가 벌목과 큰 규모의 화강암 광산 때문에 지하수 수위가 낮아졌습니다.

사람들이 물을 얻기 위해 언덕 아래로 내려가야 하는 불편 때문에 새로운 수원을 구하게 되었습니다. 이를 위하여 다음과 같은 세 가지 방법을 제안했습니다. 대형급수관에 관을 연결하여 물을 공급하는 방법, 다른 우물을 파는 방법 그리고 빗물을 이용하는 것이었습니다. 급수관 공급계획은 초기에 철회되었습니다. 왜냐하면 관을 통해서는 물을 언덕의 중간 지역까지 밖에는 끌어올릴 수 없기 때문입니다. 두 번째 방법으로 75m 깊이의 우물을 파보았으나 그 역시 금방 말라버려 결국 빗물을 이용하기로 결정하였습니다. 스리랑카의 여러 지역은 연간 강우량이 2,000mm 이상이지만 겔르시의 강우량은 1,450mm로 도쿄와 비슷합니다. 주민들은 630㎡의 지붕에서 빗물을 모아 189톤의 저장탱크에 보관하기로 결정하였습니다. 빗물은 세탁용수, 목욕용수로 쓰고 급할 때에는 여과해서 끓인 뒤 먹는 물로 쓰기도 합니다. 침전조의 탱크에는 밸브를 설치하여 초기 10분 동안 오염된 빗물을 제거하도록 설계하였습니다. 여분의 빗물은 90톤의 임시 저장탱크에 보관하여 물고기 양식용수로 쓰고 있습니다. 만일 60일 이상 비가 오지 않으면 임시 저장탱크의 빗물을 주탱크로 이동시켜 사용합니다. 물고기 양식은 주민들에게 새로운 소득원이 되었고, 모기들의 번식을 막아주는 부수적인 효과를 얻기도 하였습니다.

와이키키는 용천수를 의미한다 [하와이]

1994년 3월 기술연구회의 29명 회원들이 빗물을 어떻게 사용하고 있는지 알아보기 위해 하와이를 방문하였습니다. 116만 명의 주민들과 연간 6백만 명의 관광객들을 위한 수도 수원이 무엇인지 궁금하였습니다. 오아후(Oahu) 섬에서는 지하수가 주된 수원입니다. 사실 와이키키는 용천수를 의미합니다. 즉, 화산활동으로 섬 지하에는 거대한 물 저장고가 생겼다고 할 수 있습니다. 북동무역풍에 의해 바다로부터 습기가 가득 찬 구름이 산 위로 왔을 때 산 동쪽에 비가 많이 내립니다. 연간 강우량은 7,620mm로, 도쿄의 5배에 이릅니다. 대부분의 강우는 화산암의 불투수층에 보존되며 수돗물의 공급원으로 사용됩니다. 화산암층이 없는 지역에서는 강우가 '워터 렌즈water lens'라 불리는 깊은 대수층까지 투과하여 들어갑니다. 바닷물 또한 지층에 스며들어갑니다. 하지만 빗물은 바닷물보다 더 가볍기 때문에 바닷물 위에 분리되어 뜹니다. 하지만 최근 지하수의 과다 취수로 염수화가 문제되고 있습니다.

오아후 섬에서 빗물은 수돗물 공급이 안 되고 지하수가 거의 없는 언덕 지역과 비가 거의 내리지 않는 산의 서쪽 지역에서 모아졌습니다. 거의 110 가구가 빗물을 사용했습니다. 20~50㎥의 용량을 가진, 120년 된 나무로 만든 빗물탱크가 하와이섬에서 발견되어 그곳에서는 빗물을 오래 전부터 사용했음이 실증되었습니다. 지금은 목재의 벌채가 제한되어 비싸기 때문에 저장탱크를 콘크리트나 철제로 만듭니다. 종종 오랜 기간 동안 비가 내리지 않는 지역에서 물이 바닥났을 때는, 물1㎥에 9달러씩 트럭으로 공급받습니다.

하와이는 공기가 오염되지 않았기 때문에 빗물 수질이 좋습니다. 하지만 다른 문제들이 있습니다. 집들이 나무로 둘러싸여 있기 때문에 빗물집수면과 거리 홈통들이 낙엽과 새의 배설물로 오염되는 경향이 있습니다. 게다가 지붕 페인트나 녹 방지용 못에서 납이 빗물로 녹아들어 오기 때문에 관리가 어렵습니다. 하와이 섬의 핀치(Harvey E. Finch) 씨는 낙엽을 없애기 위해 수직 낙수홈통에 스크린을 설치하였습니다. 그는 여과와 소독 후 빗물을 저장하였습니다. 하와이 정부는 지역 주민들이 개발한 빗물 이용 시설물에 대해 아무 보조도 해 주지 않고 있습니다. 사람들은 자신들의 선택으로 그곳에 살고 있기 때문에 수돗물 공급이 없는 경우 직접 물을 확보해야 한다고 생각하는 듯 하였습니다.

빗물을 모으는 차양 [보츠와나]

1993년 빗물 이용 도쿄국제회의 기술연구회 회원 몇 명이 지역별 빗물 이용 기술을 연구하기 위해 보츠와나를 방문하였습니다.

우선 회원들은 보츠와나 기술센터를 방문하였습니다. 여기는 지방에 도움이 되는 여러 가지 기술을 가르치고 개발하는 곳입니다. 태양에너지를 사용하여 오수로부터 증류수를 얻는 장치와, 바람의 힘으로 지하수를 퍼올리는 장치를 사용하는 방법 그리고 빗물 이용 기술을 가르칩니다.

이 기술센터는 건물 자체가 빗물을 이용하는 방법을 보여주고 있습니다. 빗물은 주로 본 건물의 지붕과 주차장 표면에서 모아집니다. 빗물의 오염입자들을 없애기 위해 망과 격벽을 설치합니다. 가장 눈에 띄는 점은, 차양에서도 빗물을 모을 수 있다는 점입니다. 나무 차양은 본래 열고 닫음으로써 태양 빛을 조절할 수 있도록 처마에 붙여졌는데, 비가 올 때 닫으면 비를 모을 수 있습니다. 창문 밖에 있는 포도덩굴 담쟁이는 여름에 복사열을 차단할 수 있도록 돕습니다.

부속건물 아래에는 빗물저장탱크를 두어 건물 바닥을 시원하게 유지할 수 있습니다. 저장된 빗물은 화장실용으로 쓰이며 수동으로 양수할 수도 있습니다.

보츠와나에서 SANITAS라는 농업회사를 경영하는 스웨덴 식물 병리학자 닐슨(Nilsson) 씨를 만났습니다. 그는 식물 재배를 위해 빗물을 사용할 수 있는 여러 가지 흥미로운 장치를 발명하였습니다. 가장 인상적인 것은 빗물이용 시스템과 식물 재배 용기를 겸하는 콘크리트 블록으로 만든 벽이었습니다. 콘크리트 블록들이 엇갈려서 벽을 이루고 있었습니다. 닐슨씨는 콘크리트 블록을 흙으로 채워 꽃과 채소를 재배하였습니다. 다른 블록의 빈 공간에는 비를 모으고, 태양에너지로 이 빗물을 양수하여 벽의 꼭대기에서 붓습니다. 그러면 각각의 블록을 통해 물이 흐르며 식물에 물을 공급합니다. 이 벽을 통해 흘러내린 물은 저장되었다가 다시 쓰입니다. 닐슨 씨는 비가 잘 내리지 않는 오랜 가뭄지대인 보츠와나의 사막에서도 녹색 지붕을 만들 수 있다고 확신합니다. 그의 아이디어는 도쿄에서도 이용할 수 있습니다.

“

옥상에서 집수를 할 경우에는 지붕 홈통에
유입 제어 장치를 설치하거나 지붕 홈통 주위에
콘크리트 턱을 만들어 혼입물이 집수관을 타고
유입되지 않게 할 필요가 있습니다.

”

3 장

빗물을 모아쓰는 기술

1. 빗물과 하수를 분리하여 이용하기

빗물 이용을 위하여 빗물을 하수와 분리하여 다루어야 합니다. 내린 빗물중 일부는 하수도와 지하로 내보내고 일부는 활용합니다. 이용할 수 없는 빗물은 땅속으로 침투시킵니다. 단, 하수도에는 하수만 배출시켜야 합니다. 이러한 원칙을 바탕으로 급-배수 시설이나 위생시설을 다루는 기술이 바로 빗물 이용을 위한 기술입니다.

빗물 이용에는 다음과 같은 기술이 있습니다.

1. 지붕 등으로부터 빗물을 모으기 위한 기술
2. 저수조나 탱크에 모으기 위한 기술
3. 처리한 수질을 좋게 하기 위한 기술
4. 빗물을 쓰는 곳으로 급수하기 위한 기술
5. 큰비가 올 때 넘치는 빗물을 흘려보내기 위한 기술
6. 빗물이 부족할 때 수돗물을 보충하기 위한 기술
7. 초기 빗물을 분리하기 위한 기술

이러한 주요 기술을 잘 조화시켜 시설물이나 건물 등에 빗물의 용도에 맞는 최적의 시설을 만들어 빗물을 이용합니다. 이 경우에 지역의 특성에 맞게 창의적인 연구로 독자적인 방법을 생각해 내는 것이 중요합니다. 빗물 이용과 보급에 필요한 기술을 여러 가지 개발해 왔지만 아직은 충분하지 않고, 더 연구할 부분이 많이 있습니다. 이 장에서는 주로 단독주택, 연립주택, 작은 건물, 도로, 시설(공중화장실이나 공원, 가로) 등에 빗물 이용을 위한 각 주요 기술의 요점을 설명하고 있습니다.

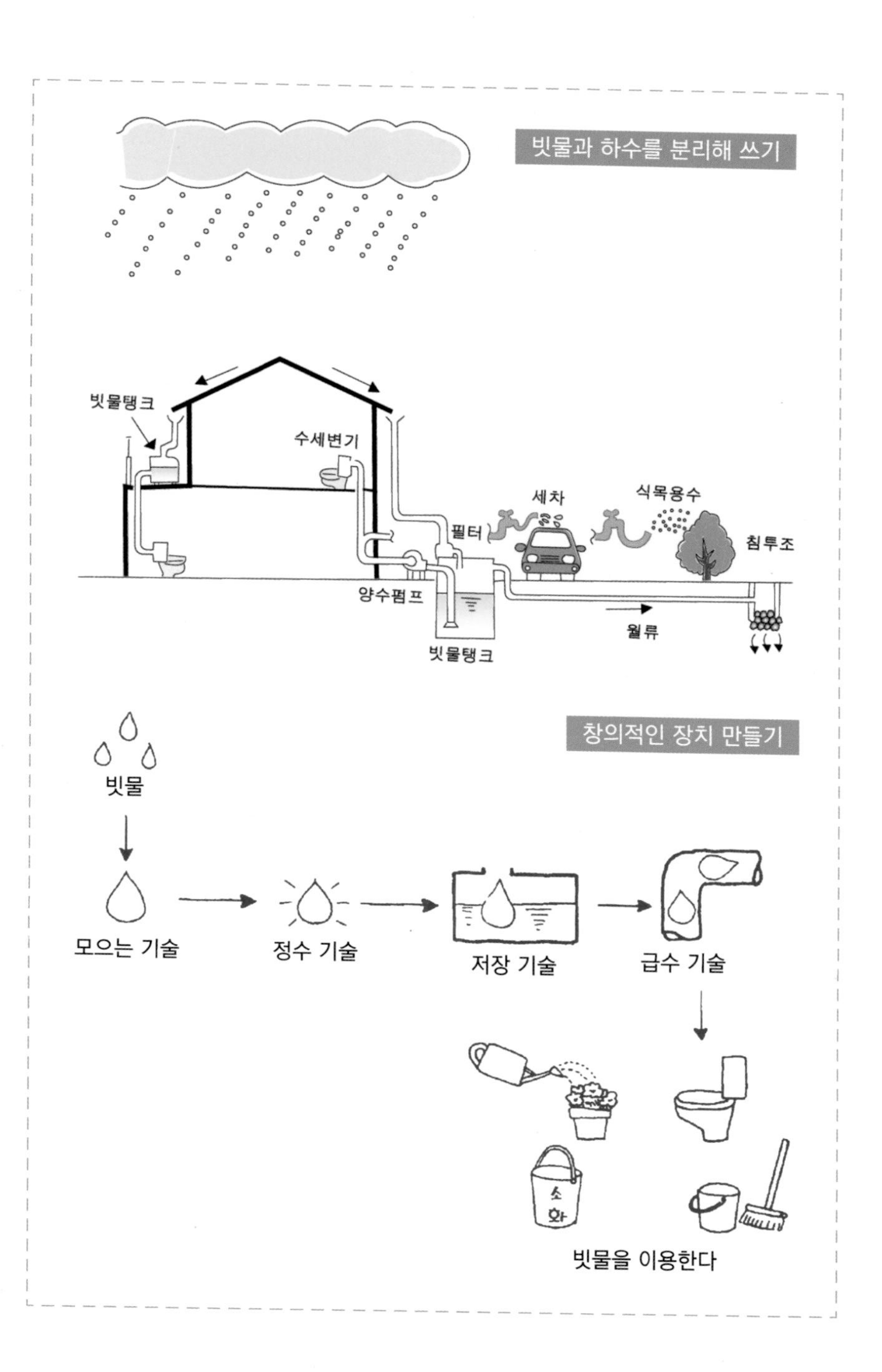
빗물과 하수를 분리해 쓰기
빗물탱크
수세변기
세차
식목용수
필터
침투조
양수펌프
월류
빗물탱크
창의적인 장치 만들기
빗물
모으는 기술
정수 기술
저장 기술
급수 기술
소화
빗물을 이용한다

2. 집수면은 가능한 넓게 확보한다

개인주택에서는 보통 지붕이나 옥상에 내린 비를 모읍니다. 이것은 어떤 집이라도 쉽게 할 수 있습니다. 처마에 붙은 홈통으로 흘러내리는 빗물을 모으면 되기 때문입니다. 근처에 다른 건물이나 주차장이 있다면 그 지붕에서도 모을 수 있습니다. 처마나 차양(햇빛 가리개), 베란다 바닥에서도 빗물을 모을 수 있습니다. 하늘이 주는 선물인 비를 조금이라도 더 활용하기 위해서는 가능한 한 넓은 집수면을 확보해야 합니다.

옥상 면적이 작은 경우 주위에 있는 공공시설의 옥상에서 빗물을 얻는 것이 첫 번째 방법입니다. 건물 외벽을 통해서도 빗물이 흐르는데 잘 연구해본다면 이 빗물도 모을 수 있지 않을까요? 수원이 모자란 섬에서는 산의 경사지면을 콘크리트로 포장하여 빗물을 모으는 곳도 있습니다.

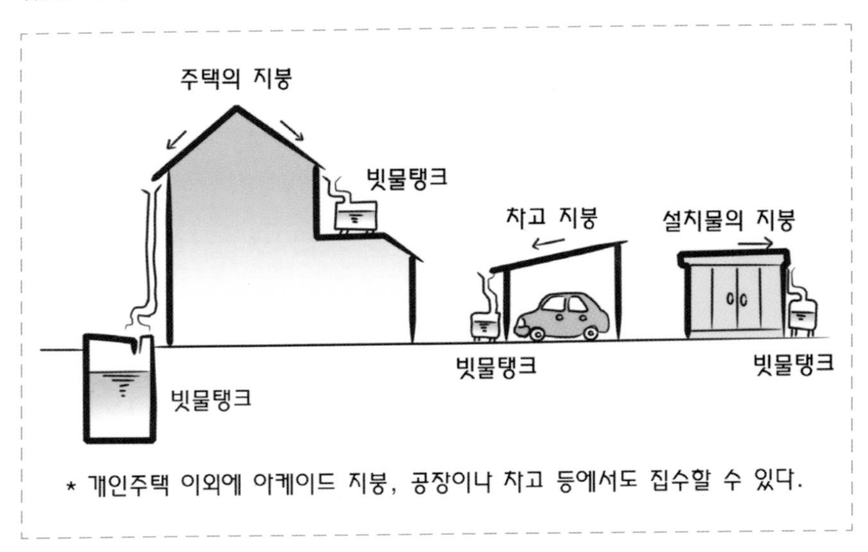

* 개인주택 이외에 아케이드 지붕, 공장이나 차고 등에서도 집수할 수 있다.

3. 단독주택에서 빗물을 이용하는 방법의 기본

빗물을 모을 때 쓰레기 같은 것이 섞이지 않게 주의해야 합니다. 이 물을 빗물 저수조(빗물탱크를 포함해)에 모아 화장실 물이나 정원에 뿌리는 물, 세차용수, 청소용수 등으로 쓸 수 있습니다. 빗물 수질을 보호하기 위해서는 가족 모두가 관심을 갖고 지붕면이나 저수탱크를 청소하고 저수탱크 유지관리에 주의를 기울이는 것이 중요합니다. 빗물 수질이 좋을수록 용도도 광범위하고 열대어 등의 감상용 수조 보급수로도 쓸 수 있습니다.

수도시설이 불충분한 섬에서는 빗물을 끓여 음용수로도 이용하고 있습니다. 빗물저장탱크에서 넘친 빗물은 가능한 한 지하로 스며들도록 합니다.

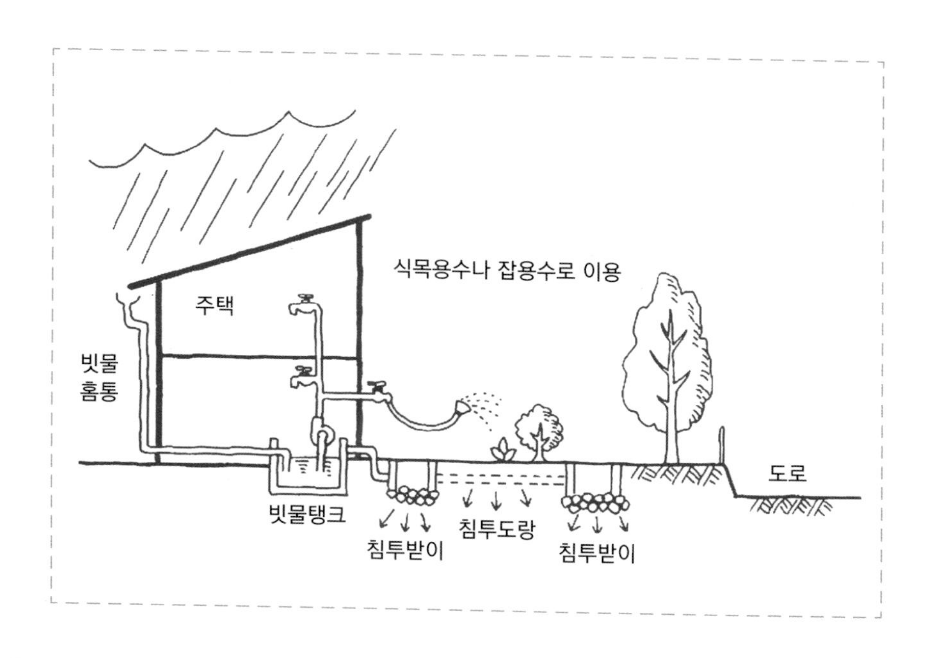

4. 연립주택에서 빗물을 이용하는 방법

연립주택에서 빗물을 이용할 경우, 새로 지을 때 빗물 이용 시설을 설치하지 않는다면 집수장소, 저류장소, 저류량에 한계가 있어서 빗물을 나무에 물을 줄 때나 비상용으로밖에 쓸 수 없습니다. 단독주택에서처럼 개축(=배관개수공사)할 수 없으니 화장실용으로 이용하는 것도 어렵습니다.

집수와 저수장소로는 발코니와 테라스를 이용할 수 있습니다. 발코니 바닥면에 비닐시트를 깔거나, 차양에 집수 천막을 붙이거나, 비가 내릴 때만 발코니 밖에 집수 시트를 내어 비를 모을 수도 있습니다. 이웃들과 협의하여 옥상에서 내려온 수직홈통에 빗물 분기장치를 붙여 위층 발코니에서 흘러내린 빗물을 필요에 따라 받는 것도 기술적으로

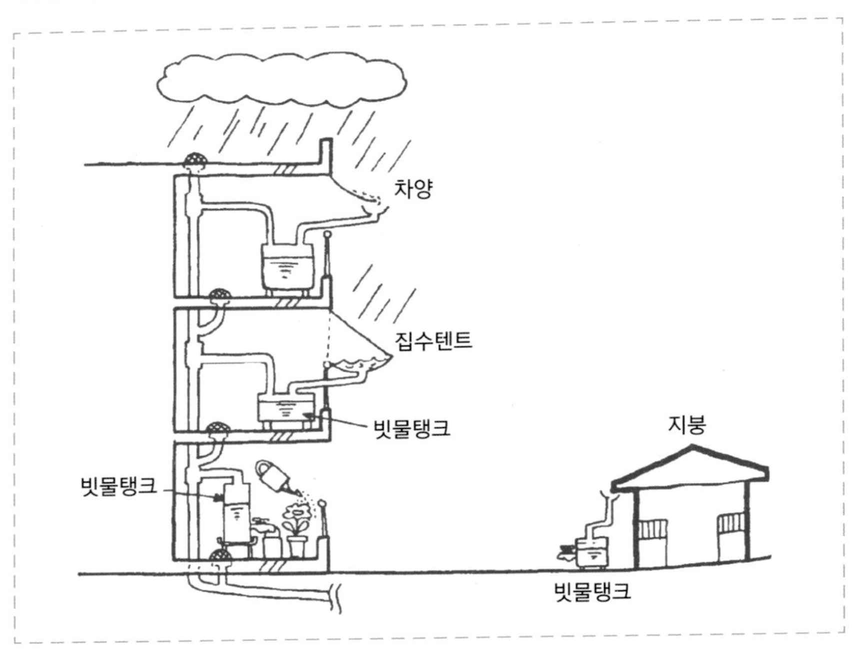

가능합니다.

함께 사는 주민들 모두의 양해를 얻는다면 옥상에서 가장 높은 층의 발코니에 있는 빗물탱크에 모은 다음, 거기에서 넘친 물을 다음 층 빗물탱크에 흘려보내고, 또 넘친 물을 그 다음 층으로 순서대로 보내면 집집마다 빗물을 쓸 수 있습니다. 이 경우 빗물탱크의 크기와 설치 위치, 넘치게 하는 방법을 통일할 필요가 있습니다.

공용 세차장이나 세척 장소, 쓰레기 집하장 등의 용수, 공용 장소의 청소용이나 멀리 떨어져 있는 식물에 줄 빗물로 쓰는 것은 기존의 연립주택이라도 어려운 일이 아닙니다. 빗물을 쓰는 곳 근처에 있는 홈통의 아랫부분에서 빗물을 받아 옆에 설치한 빗물탱크에 모아 쓰는 것은 손쉽고 빠르지 않을까요?

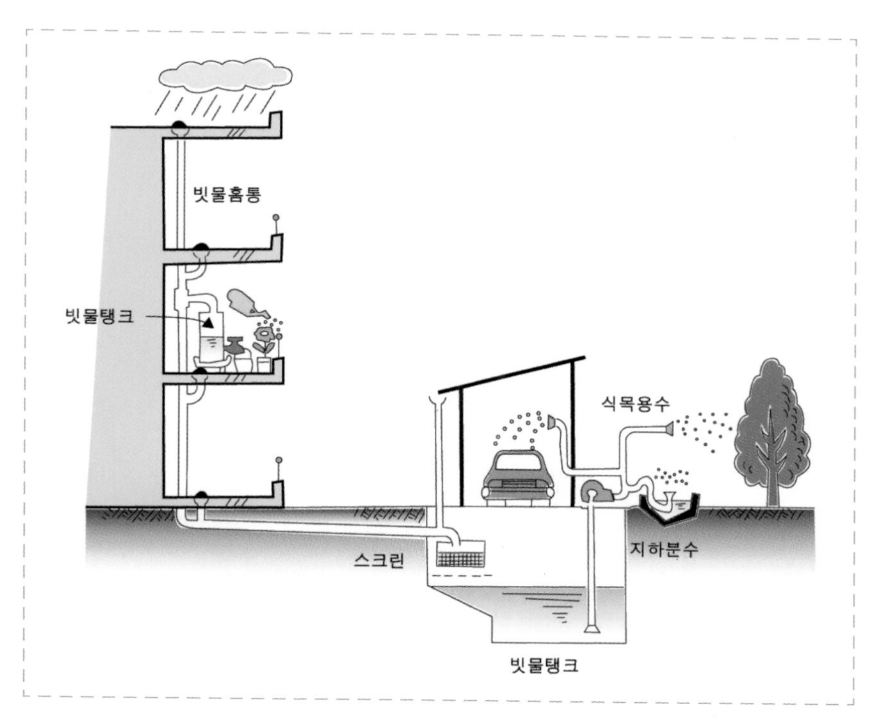

5. 모으는 곳에 따라 용도를 한정

빗물을 어디에서 모으는가에 따라 그 깨끗함의 정도가 결정됩니다. 한편, 빗물의 사용 용도에 따라 요구되는 깨끗함의 정도도 달라집니다. 그러므로 사용 용도에 따라 모으는 곳을 결정하던가, 여과 등의 처리를 해서 필요한 만큼 빗물을 깨끗하게 해서 써야 합니다.

사람이나 동물이 접근하지 않는 지붕에서는 수질이 좋은 빗물을 모을 수 있습니다. 쓰레기나 먼지를 모아 제거하면 음용수로도 사용할 수 있습니다. 실제로, 자연 샘물이나 우물도 없고 수돗물 공급이 안 되는 지역에서는 빗물을 음용수는 물론 모든 생활용수로 쓰고 있습니다. 그리고 벽이나 유리 벽면에서도 비교적 깨끗한 빗물을 얻을 수 있습니다.

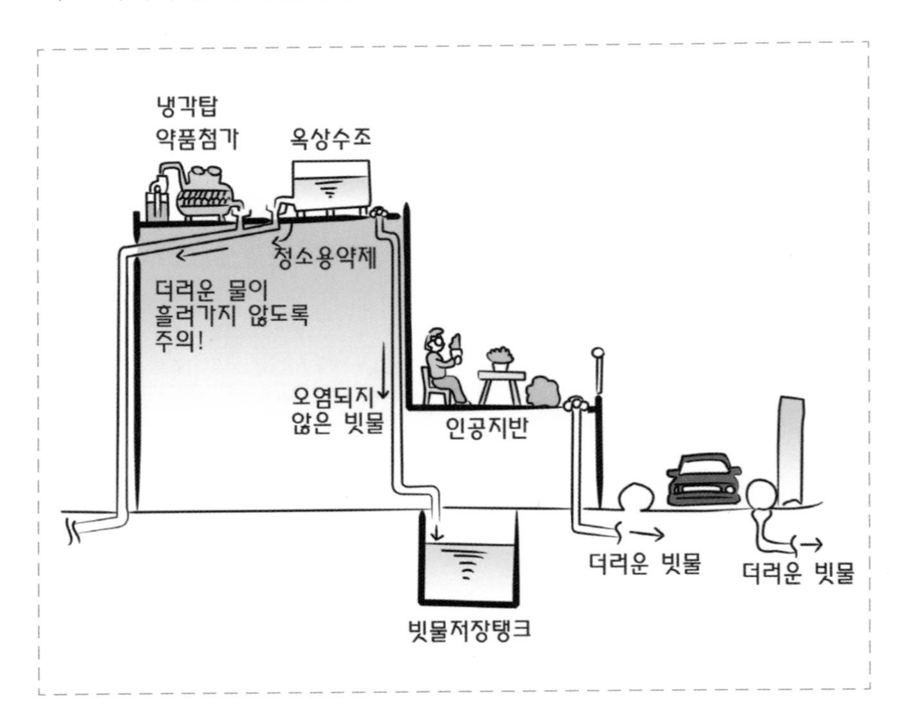

옥상이나 발코니, 지붕 테라스 등 사람이나 동물이 가까이 접근하는 곳에서는 빗물이 조금 더럽지만, 화장실용수나 정원용수로 쓰기에는 별 다른 문제가 없습니다.

그러나 연립주택의 경우에는 발코니에서 세탁기를 쓰기도 하는데, 세탁기에서 나온 물이 홈통으로 흘러내릴 수가 있으므로 수직홈통에서는 빗물을 모으지 말아야 합니다. 옥상에 냉각탑이나 높은 곳에 저수탱크가 설치되어 있는 경우에는 주의를 기울여야 합니다. 냉각탑에서는 여름철에 염류 농도가 높은 오염된 물이 나오고, 또 높은 곳에 있는 저수탱크를 청소했던 물은 화학물질을 포함하기 때문에, 그 기간에는 빗물을 모으지 않는 등, 빗물 이용 용도를 제한해야 합니다.

청정도	모으는 곳	쓰임
1	지붕(사람의 접근이 없는 곳)	정화하면 마실 수 있음 화장실 물
2	지붕(사람의 접근이 있는 곳)	화장실 물 정원 물 잡용수
3	인공지반, 주차장	위와 같음(처리 필요)
4	도로, 철도궤도(고가선)	위와 같음(처리 필요)

인공지반이나 주차장에서 모은 빗물은 여과처리를 했더라도 화장실 물로만 쓰는 것이 좋습니다. 도로나 선로부지 등에서 모은 빗물은 기름이나 먼지, 금속가루 등이 섞여 있으므로 여과처리를 꼭 해야 하며, 용도 또한 화장실 물로 제한해야 합니다.

6. 1mm까지의 초기 빗물은 오염되어 있다

비는 대기중의 부유 물질을 씻어 내립니다. 도시에 내린 비에는 지상에서 배출된 유해물질인 아황산가스나 질소산화물 등이 녹아있습니다. 또 지붕 등의 집수면에도 유해물질을 포함한 먼지 등이 쌓여 있기 때문에 빗물이 오염될 수 있습니다. 특히 맑은 날씨가 오래 지속된 뒤에 내리는 비의 오염도는 심각해서, 빗물의 양이 1mm 정도를 넘을 때까지는 음용수 이외의 용도로도 써서는 안 될 정도입니다. 따라서 빗물을 모을 때 내리기 시작한 빗물(초기 빗물)은 제거해야 합니다.

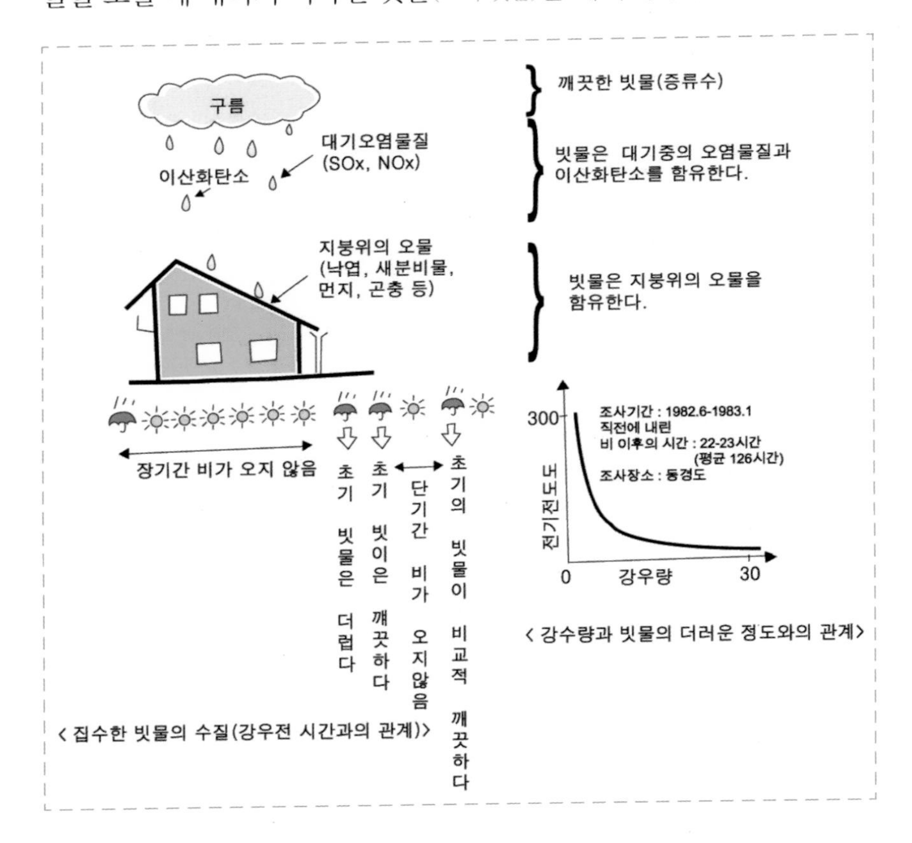

<집수한 빗물의 수질(강우전 시간과의 관계)>

<강수량과 빗물의 더러운 정도와의 관계>

하지만 빗물저장탱크가 큰 경우, 모은 빗물 가운데 처음에 내린 빗물이 차지하는 비율이 적고, 또 자동적으로 완벽하게 초기 빗물을 제거하자면 설비비가 추가로 들어가므로 초기 빗물을 제거하지 않고 그냥 모아두는 경우도 있습니다.

그러나 개인집에서 작은 용량의 빗물탱크에 저장하는 경우에는 초기 빗물을 제거하는 것이 좋습니다.

빗물에 대기중의 오염물질이 녹아들어간 것은 어찌할 수 없지만, 집수면이 지저분하면 빗물도 지저분해지므로, 언제나 집수면을 깨끗하게 할 필요가 있습니다. 지붕면에 사람이 쓰레기를 버리는 일은 없겠지만 먼지, 비둘기나 고양이 등의 배설물로 오염될 수 있습니다. 지붕면은 청소하기 어려운 곳이므로 그런 곳에 동물이 살지 못하도록 해야 합니다. 저장한 빗물을 사용해 집수면을 청소한다면 어떨까요? 집수면을 깨끗이 하는 것을 게을리 한다면 깨끗한 빗물을 모으기 위해 복잡한 처리를 추가로 해야 합니다.

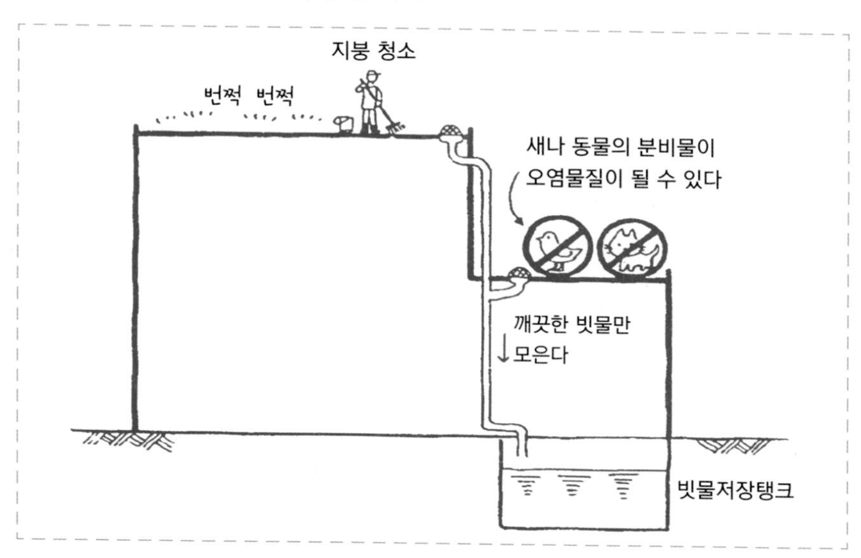

7. 초기 빗물을 자동으로 제거해주는 장치

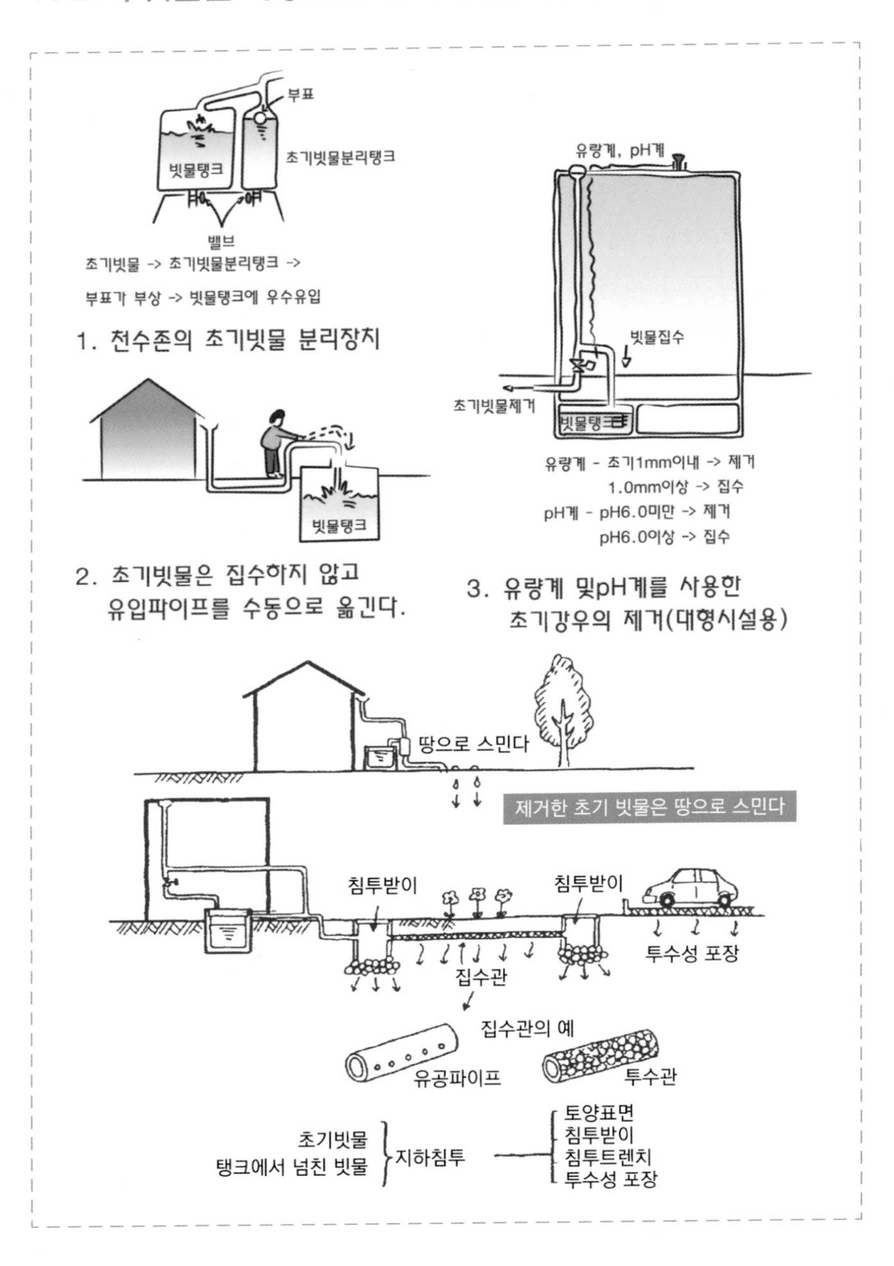

대규모 빗물 이용 시설에서는 옥상에 유량계 등을 설치해, 그 측정값에 따라 집수관 밸브를 자동 조절하여 지저분한 빗물은 모으지 않도록 합니다. 하지만 이런 기계류나 밸브는 값이 비싸기 때문에 일반 가정에는 적합하지 않습니다.

비가 내리기 시작할 때 잠시 동안 빗물이 흘러 들어가는 파이프를 수직홈통이나 빗물탱크에 연결시키지 않고 있으면, 더러운 초기 빗물이 안들어 오게 할 수 있습니다. 그 다음에 연결하면 깨끗한 빗물을 받을 수 있습니다. 하지만 비가 내릴 때 누군가가 옆에 붙어 있어야 하므로 불편합니다. '자동으로 초기 빗물을 제거할 수 있는 장치는 없을까?' 하면서 우리 동료들도 여러 가지 방법을 궁리했습니다. 그 중 한 가지인 도쿠나가 노부오 씨의 방법은, 홈통에서 빗물탱크까지 가는 길에 작은 탱크를 설치해 초기 빗물을 제거하는 것입니다. 빗물은 작은 탱크로 흘러가고, 가득 차면 작은 탱크에 들어있는 탁구공만한 공이 떠올라 입구를 막아버려 빗물은 자연히 빗물탱크로 흘러들어가게 됩니다.

다른 방법들도 같은 원리를 가지고 있습니다. 초기 빗물을 모으는 부분이 따로 있어, 그것이 가득 차면 본래의 빗물탱크 쪽으로 흘러가도록 되어 있습니다. 그러나 어떤 방법을 사용하더라도 반드시 다음에 비가 내릴 때까지 작은 탱크에 모인 초기 빗물을 제거하지 않으면 안 됩니다. 버린 초기 빗물은 지하로 스며들게 합니다. 그러나 그것이 계속 스며들면 지하에도 문제가 될 수 있습니다. 따라서 침투도랑이나 침투받이에 넘친 물과 함께 서서히 스며들 수 있도록 해야 합니다. 스미는 사이에 땅에서 여과되고, 나중엔 미생물에 의해 오염도가 줄어들어 깨끗한 지하수로 돌아갑니다.

8. 오염물질을 걸러서 모으는 방법

낙엽이나 쓰레기, 모래가 지붕 배수관이나 홈통에 모이면 빗물이 더러워질 뿐만 아니라 배출구를 막아 빗물이 새는 원인이 됩니다. 지붕이나 옥상을 자주 청소하는 것은 쉽지 않으므로 홈통으로 빗물이 미세한 물질과 함께 들어가지 않게 할 필요가 있습니다. 그런 다음 맑은 날씨가 계속될 때나 강풍이 분 뒤 집수면을 함께 청소하면 됩니다. 낙엽이 많은 가을에는 청소를 자주 하는 것이 좋습니다.

빗물을 생활용수로 쓰고 음용수로도 쓰고 있는 미국 하와이주에서는 홈통에 그물이나 망을 설치해 낙엽 등이 흘러내리지 않게 합니다. 슈퍼마켓에서는 전용의 그물망을 판매하고 있어 많은 집에 보급되어 있습니다.

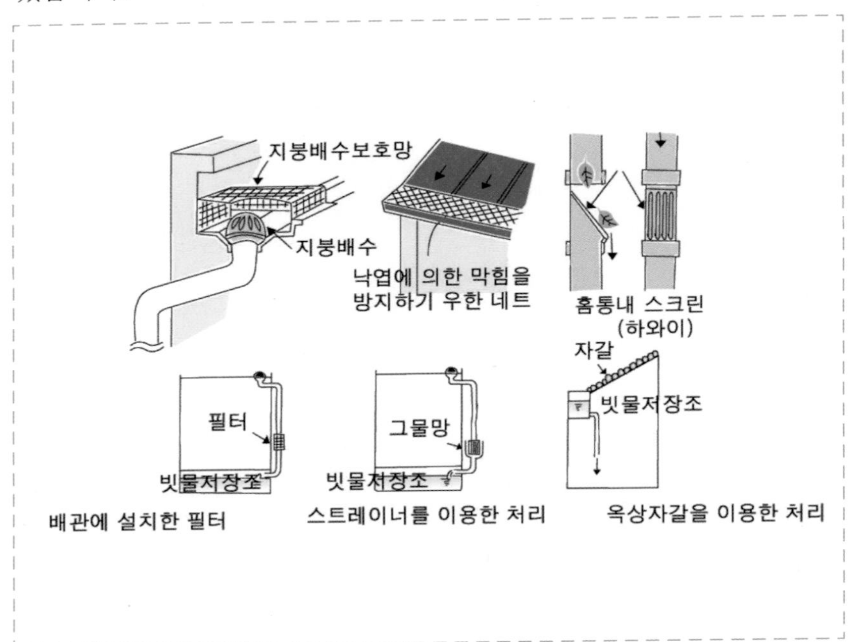

홈통에 그물망을 붙여 흘러내린 낙엽을 분리합니다. 망에 걸린 작은 이물질은 자동적으로 홈통 밖으로 떨어지므로 따로 손이 가지 않아도 됩니다.

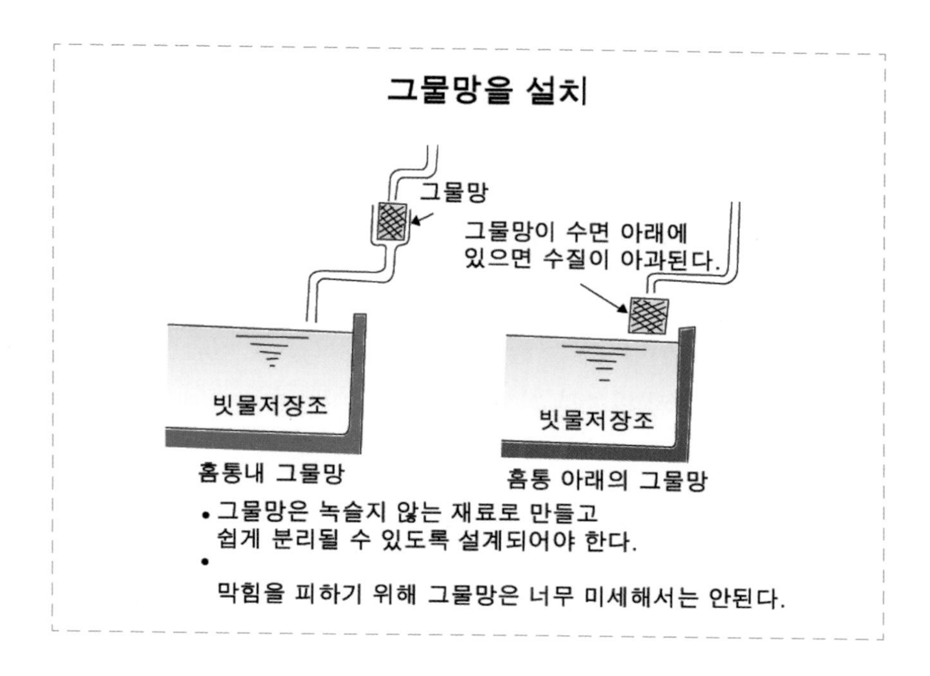

시판하는 홈통용 카트리지 필터를 설치하는 것도 한 가지 방법입니다. 그러나 카트리지는 정기적으로 교체해주지 않으면 안 됩니다. 그물이나 스크린(망)을 빗물저장탱크 바로 앞에 설치하는 방법도 있습니다. 지붕 홈통이나 수직홈통 주위에 설치하는 것보다 이 방법이 훨씬 쉽습니다. 간단한 망에서 하수처리에 쓰이는 종류의 망까지 여러 가지를 선택할 수 있습니다. 주위 환경을 고려해 적당한 것을 설치하면 됩니다. 그물이나 망의 구멍 크기는 2~3mm에서 10mm 정도가 적당합니다.

9. 모을 수 있는 빗물의 양

빗물을 어디에서 모아야 할 지를 결정하면 그 집수면적에서 모을 수 있는 빗물의 양도 계산할 수 있습니다. 모을 수 있는 빗물의 양은

[집수면적(㎡) × 강수량(미터/년) × 유출계수]

로 계산합니다. 집수면적 60㎡, 연간 강수량 1.5m(1,500mm), 유출계수 0.9라 하면 집수면적에서 1년 동안 모을 수 있는 양은 81㎥, 하루로 따지면 222 ℓ (81,000 ℓ /365일)가 됩니다.

화장실에 필요한 물은 보통 하루에 50 ℓ /한사람입니다. 따라서 60 ㎡의 집수면적이면 네사람이 쓸 화장실 물을 모을 수 있습니다. 그러나 이것은 연중 내린 빗물을 전부 모을 수 있다는 가정 하에 나온 계산

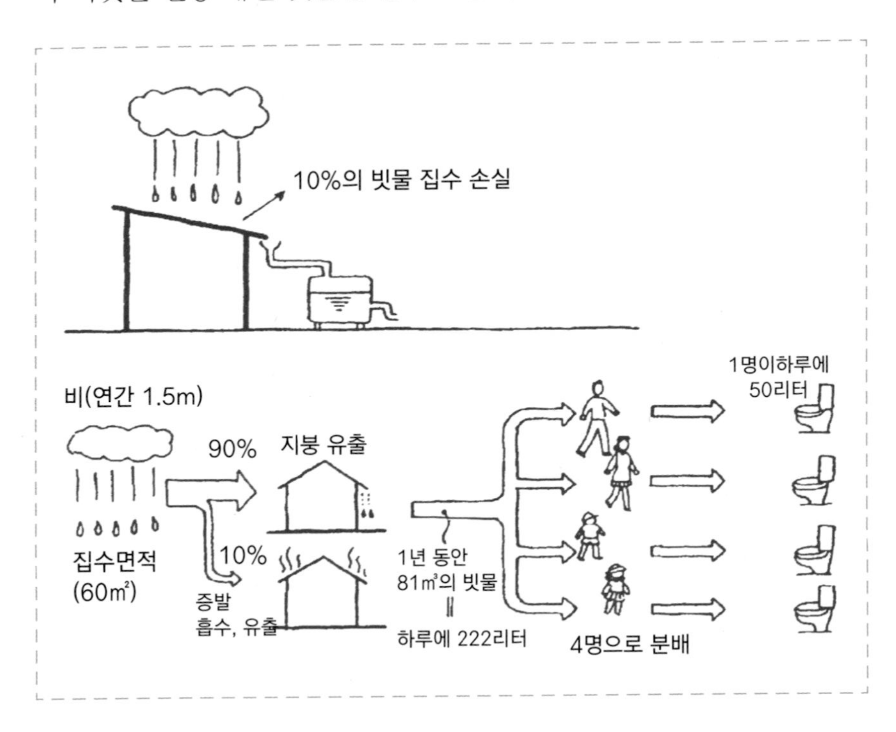

이므로 비가 많이 내릴때 저수탱크에서 넘치는 양을 빼주어야 합니다.

실제적으로 빗물탱크에 저장할 수 있는 양은 집수량의 80% 정도입니다. 앞의 예에서는 178ℓ가 됩니다. 이것은 화장실 물로 필요한 수량의 약 90%(178ℓ/200ℓ)입니다. 또 집수면에 내린 빗물의 70%(178ℓ/222ℓ×유출계수 0.9) 정도입니다.

위의 계산에서, 빗물저장탱크의 용량이 200ℓ 정도면 충분하다고 할 수 있습니다만, 화장실 물 이외에 정원 용수로도 쓰고, 비상용수로서 비축할 필요도 있다고 하면 충분하지가 않습니다. 거기에 비가 내리는 것은 평균 4일에 1번 정도이지만 한 달 이상 비가 내리지 않는 경우도 있습니다. 그 점을 고려하면 하루에 사용하는 수량의 20~30배 이상(200ℓ×20~30=6,000ℓ)의 용량을 확보하여 비가 내릴 때 최대한 모으도록 설계하면 좋을 것입니다.

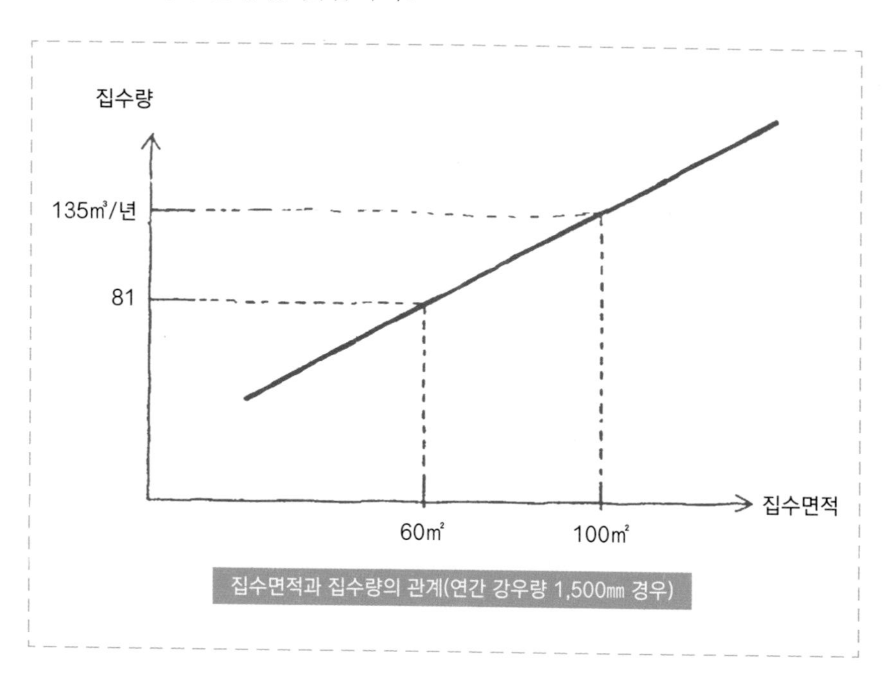

집수면적과 집수량의 관계(연간 강우량 1,500㎜ 경우)

10. 저수조 용량은 집수면적으로 결정

빗물저장탱크의 크기는 보통 집수면적에 따라 정해집니다.

계산해보면,

[집수면적(m^2) × 계수 C(m) = 집수탱크의 용량(m^3)]

이 식에서 계수 C는 정확히는 비가 내린 지방마다의 차이 등 지역성을 고려한 값이지만, 과거의 자료를 보면 일본의 모든 지역에서 C=0.1로 계산하고 있습니다. 만약 집수면적이 60m^2라면 6m^3가 빗물저장탱크에 적당한 용량이 되는 것입니다. 이 용량을 확보하면 집수면에 내린 빗물의 70% 정도를 효율적으로 쓸 수 있습니다. 이렇게 효율적으로 쓸 수 있는 비율을 빗물 이용률이라고 합니다. 저수탱크의 용량을 크게 하면 할수록, 넘치는 물이 줄어들어 저장할 수 있는 양이 많아지고 빗물 이용률도 올라간다고 하지만, 실제로 반드시 그렇지만은 않습니다.

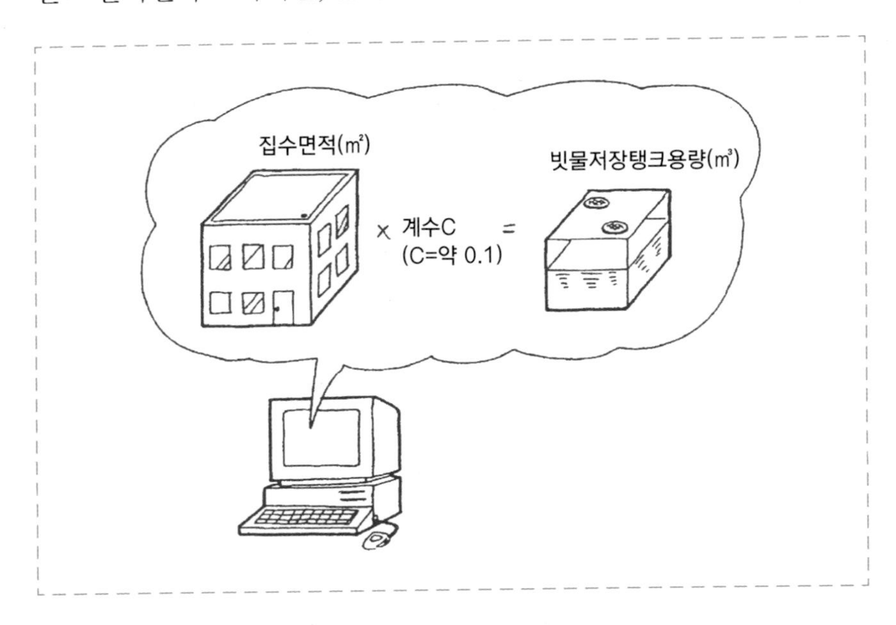

용량을 50% 늘린다 해도 빗물이용율은 5~10%만 늘어납니다. 즉, 빗물저장탱크는 용량이 커진다고 좋아지는 것은 아닙니다. 특히 기존의 시설에는 빗물저장탱크 설치를 위한 장소를 확보하기 어려운 경우가 있어서 가능한 한, 앞의 식으로 계산한 빗물 저장 용량에 가깝게 하고, 충분하지 않을 때에는 수돗물을 씁니다.

건물을 새로 지을 때는, 건축법이 정한 용적률에서 빗물저장탱크의 면적을 일정한 한도(기존 용적률의 0.25배)로 제한할 수 있습니다(=용적률의 산정 기초가 되는 총 바닥면적에서 저수탱크 바닥면적을 뺍니다).

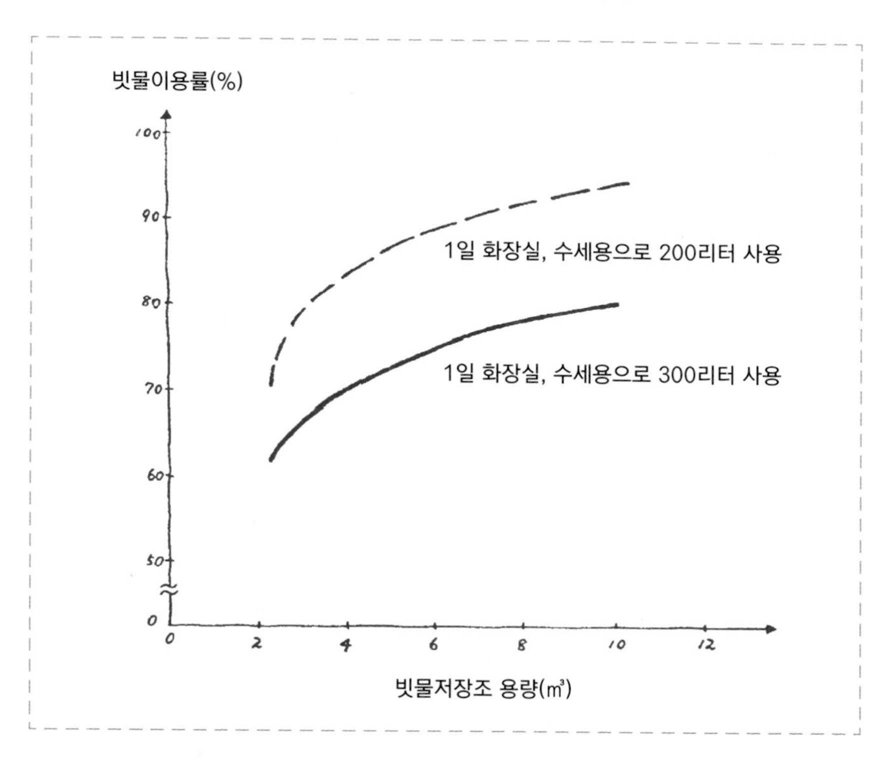

11. 빗물저장탱크에 필요한 세 가지 조건

빗물탱크는

1. 물이 새지 않아야 합니다.
2. 탱크 재질이 빗물에 녹지 말아야 하며 이끼가 생기지 않도록 햇빛을 차단할 수 있어야 합니다.
3. 뚜껑이 달려있어 증발을 막고, 먼지 등이 들어오지 않도록 해야 하고, 구조가 내부 청소하기 쉽게 만들어야 합니다.

빗물저장탱크는 저장용량이나 설치된 곳, 용도 등에 따라 모양, 재질, 구조면에서 여러 종류로 나뉘어집니다. 기성 제품을 설치하는 경우도 있고, 현장에서 만드는 경우도 있습니다. 탱크에 수위계가 붙어 있으면 더욱 편리합니다.

옛날에는 물병, 들통, 원통 등을 썼습니다. 최근에는 소형(500 ℓ 이하)의 드럼통이나 플라스틱통… 또 빗물탱크 전용 기성품도 있습니다. 대형(500 ℓ 이상)으로는 강판제나 스테인레스 강판제, 강화플라스틱(FRP) 등의 조립탱크, 철근 콘크리트로 만들어진 것이 있습니다. 강화플라스틱제 정화조를 쓰기도 합니다.

강우량이 적고 건조한 외국의 경우, 현지에서 조달할 수 있는 나무, 강판, 콘크리트, 플라스틱 등을 빗물 저장조 재료로 쓰며 모양은 대부분이 원기둥 형태로 땅에 묻혀 있습니다. 수도시설도 없고, 지하수도 없는 곳에서 빗물은 음용수를 포함한 생활용수로 쓰고 있습니다. 따라서 빗물을 깨끗하게 모아 오염없이 저장하기 위한 연구가 필요합니다. 오물을 배출하는 시설을 설치하거나 초기 빗물 제거 장치를 겸하는 침전용 파이프를 부착하거나 합니다.

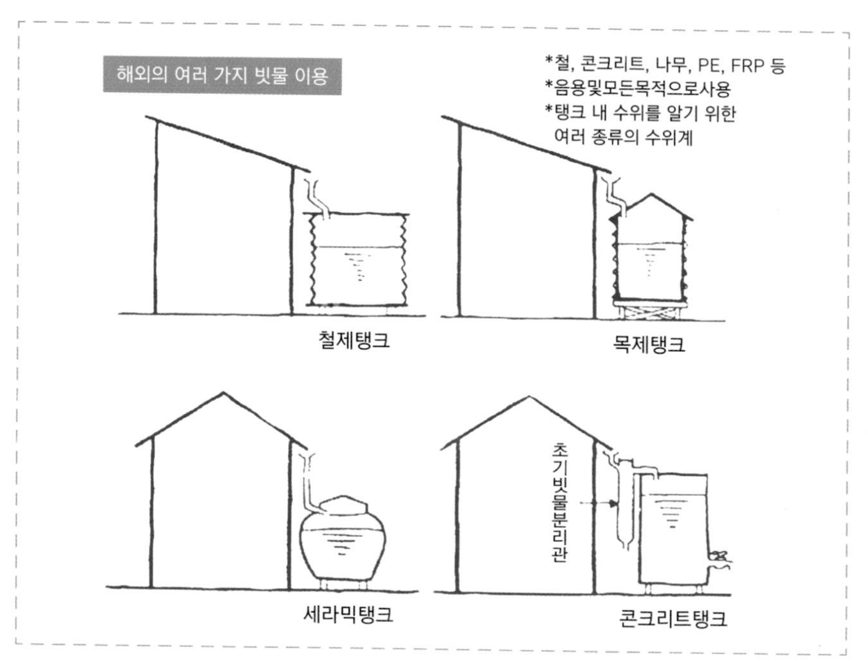

12. 설치하는 곳에 따라 구조에도 영향

빗물저장탱크는 옥상 (발코니 등을 포함해), 지상, 지하 모두 설치할 수 있습니다. 개인주택에는 쉽게 옮길 수 있는 빗물탱크를 옥상이나 지상에 설치하는 것이 보통입니다. 그 중에는 철근 콘크리트로 상자 모양을 만들어 빗물저장탱크를 겸하게 할 수도 있습니다. 현관이나 1층의 테라스, 차고 등의 지하에 빗물저장탱크를 묻거나 계단 밑처럼 사용하지 않는 곳에 빗물저장탱크를 설치하고 있는 예도 있습니다.

대규모 시설에는 빗물저장탱크를 지하에 묻거나 가장 아래층 바닥에 설치하는 것이 보통입니다. 지하에 묻는 경우에는 넘치는 물이 저절로 배출되지 않으므로, 펌프로 양수해 배출해야 하는 불편이 있습니다.

2층 주택의 경우, 지붕에서 빗물을 모아 2층의 발코니나 지붕 홈통에 설치한 빗물탱크에 저장한 다음 빗물을 자연유하로 흘려보내 1층 화장실에 급수할 수도 있습니다. 하지만 지상 층의 테라스나 정원에 설치하거나, 지하에 묻는 경우에는 양수 펌프로 공급하지 않으면 안 됩니다. 설비 비용과 유지관리면에서는 2층에 빗물 저장탱크를 두는 것이 가장 좋고, 다음이 지상입니다.

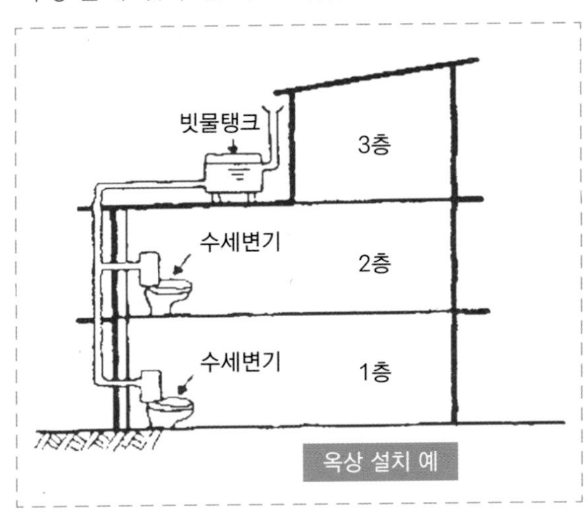

옥상 설치 예

그러나 2층에 빗물저장탱크를 두는 경우에는 탱크의 크기에 제약을 받습니다. 용량이 아주 큰 탱크를 2층에 두면 건물 구조를 바꿔야 하므로 설치비용이 늘어나게 됩니다. 빗물을 모아서 급수하는 것만 생각한다면 가장 위층의 지붕 바로 아래 즉, 2층 건물의 경우 2층 지붕 안쪽에 빗물탱크를 두는 것이 합리적이겠지만, 그럴 경우에는 대들보나 기둥의 위치를 새로 바꾸어야 합니다.

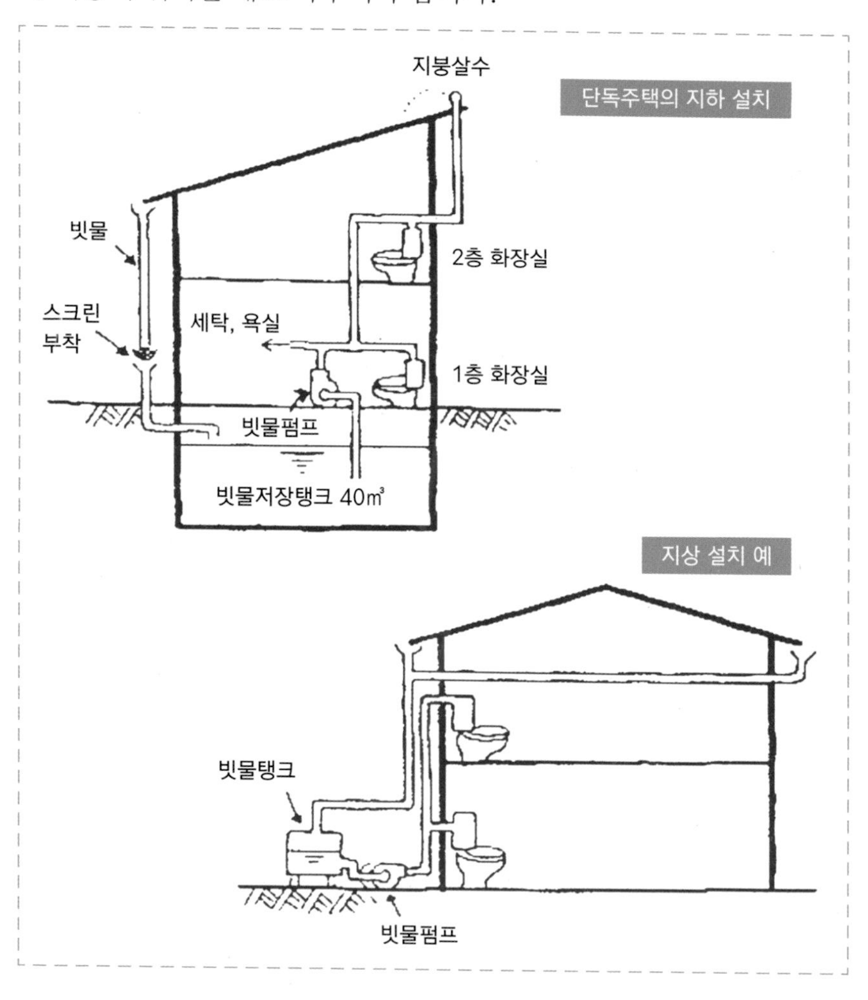

13. 용도에 따라 처리 방법이 달라진다

빗물의 수질은 비가 내릴 때 대기와 집수면의 오염 상태에 따라 달라집니다. 또한 시설의 주변 환경에 따라서도 차이가 있습니다. 따라서 주변 환경을 고려하면서 빗물 이용 용도에 따라 수질을 처리하는 방법을 검토해야 합니다. 예를 들어, 주변에 나무가 있다면 낙엽이 섞여 들어오기 쉬우므로 망이나 체 등을 달아야 하고, 모래지대 같은 땅이 있으면 모래가 많이 섞이게 되므로 침사 처리나 침전 처리, 여과 처리 등을 해야 합니다.

단, 음용수나 목욕용, 세탁용 등 빗물이 몸에 직접 닿는 경우 빗물 처리를 따로 해야 합니다. 하지만 빗물 용도가 식물에 줄 물이나 세차 등 잡용수로 쓰이는 경우에는 망으로 쓰레기를 걸러내거나 침전처리로 흙을 없애는 등 물리적 처리만으로도 충분합니다.

빗물의 용도	수질을 위한 처리
정원수	특별한 처리는 필요없다.
기계식 살수 방화용수 공조용냉각수, 냉난방용수	급수설비, 저류설비를 위한 처리 필요
연못 분수대의 친수용수 수세식화장실 세정수 세탁용수, 세차용수	인체와 접촉이 있을 수 있기 때문에 위생적 처리가 필요
수영용수, 입욕용수, 세면용수, 음용수, 취사용수	직접, 간접적으로 물을 마시는 것을 전제로 하기 때문에 소독이 필요

처리 방법이 너무 복잡하면 설치비가 많이 들뿐 아니라, 유지관리도 번거로워지므로 사용하고자 하는 용도에 맞는 수질을 만들 수 있으면서 최대한 간단한 것이 좋습니다.

빗물을 모을 때 섞여 들어오는 물질의 대부분은 집수면의 먼지나 모래입니다. 쓰레기나 토사, 낙엽 등 큰 쓰레기는 다음의 방법으로 빗물을 모으기 전에 치워야 합니다.

1. 빗물 수직홈통 내부에 직접 필터형 장치를 설치합니다.
2. 빗물탱크 유입구 아래에 망을 설치해 빗물이 탱크에 들어오기 전에 쓰레기를 치웁니다.

낙엽 같은 것들이 물속에서 썩는 것을 막기 위해서는 망이 수면 아래에 있으면 안되는데, 이를 위해 망을 수면 약간 위에 설치합니다. 이런 방법은 아주 단순하므로 유지관리가 쉽고, 정기적으로 망을 점검해 쓰레기 등이 모여 있으면 치우기만 하면 됩니다.

14. 침사, 침전된 맑은 물을 쓴다

빗물에 섞여 들어가 있는 모래를 없애기 위해서 침사조나 침전조를 빗물저장탱크에 설치합니다. 홈통에서 흘러내린 빗물에 섞여 있는 토사류를 침사조에 가라앉히고, 그 다음 부유물질을 침전조에서 가라앉혀 윗부분의 맑은 물을 씁니다.

침사조는 침전조 앞에 설치해, 흘러들어온 빗물을 30~60초 정도 머무르게 합니다. 머무르는 동안 흙은 바닥에 가라앉게 됩니다. 침사조를 통과한 빗물은 침전조에 2~3시간 체류하게 되는데, 이때 입자상물질 가운데 물보다 무거운 것은 자연히 가라앉게 됩니다. 머무르는 시간은 침전시키고 싶은 입자상물질의 종류에 따라 달라집니다. 침사조나 침전조의 용량은 체류시간에 따라 달라집니다.

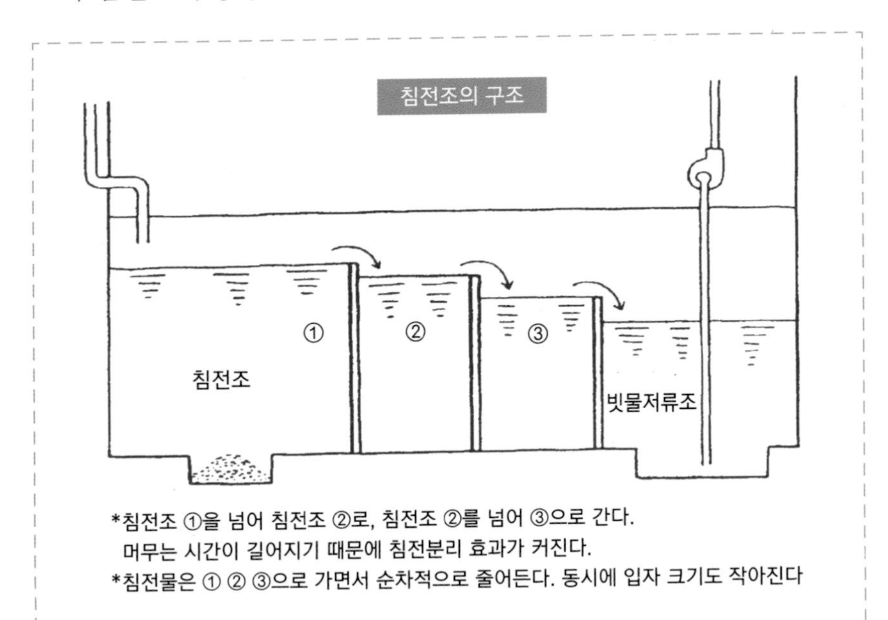

*침전조 ①을 넘어 침전조 ②로, 침전조 ②를 넘어 ③으로 간다.
머무는 시간이 길어지기 때문에 침전분리 효과가 커진다.
*침전물은 ① ② ③으로 가면서 순차적으로 줄어든다. 동시에 입자 크기도 작아진다

침사조, 침전조 모두 바닥을 한쪽으로 경사지게 하여 침전물이 쌓이기 쉽게 합니다. 탱크 내부 점검과 퇴적물을 빼내기 위한 출입구가 필요합니다. 비가 많이 내려 빗물이 쏟아져 들어와 침전, 침사물이 떠오르는 경우를 대비해 각 탱크의 빗물 유입구 바로 아래에는 완충판을 설치합니다.

빗물탱크 앞에 별도로 침사조, 침전조를 설치하는 것이 바람직하다고 할 수 있지만, 빗물탱크 내부를 침사조, 침전조, 저류조로 분리해서 써도 편리하고 효율적입니다. 빗물저장탱크의 용량이 10㎥ 이하인 경우에는 침사조를 설치할 필요 없이 침전조만 설치합니다. 일반 가정용으로는 침전, 침사조 대용으로 빗물저장탱크에 그물망으로 만든 필터나 자갈층을 설치해 깨끗하게 여과하는 방법도 쓰이고 있습니다.

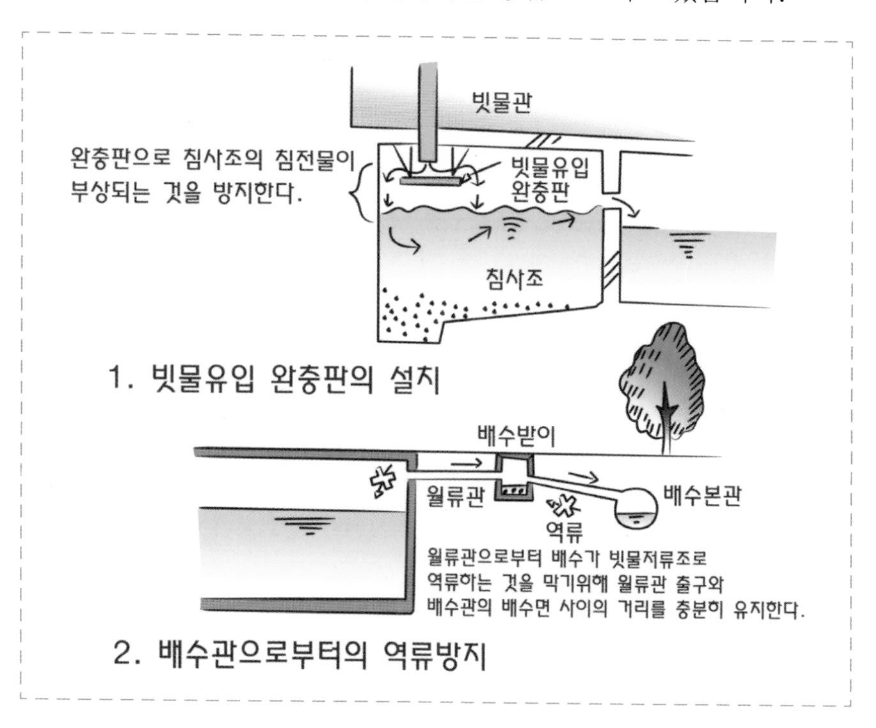

1. 빗물유입 완충판의 설치

2. 배수관으로부터의 역류방지

15. 오래 머물수록 효과적이지만

집수면에서 흘러내린 빗물에는 대기중의 황사나 미세먼지부터 집수면이나 홈통에서 떨어져 나온 작은 자갈까지 여러 가지 크기, 무게의 것들이 섞여 있습니다. 이런 물질들을 중력으로 자연 침강시켜 없애는 설비가 침전조입니다.

침전조를 설치하면 빗물저장탱크에 흘러 들어온 혼입물을 줄일 수 있어서, 빗물탱크 청소 횟수를 줄일 수 있습니다. 또 침전조 부분만을 단독으로 청소할 수 있도록 만든 구조는 시간과 에너지를 절약해줍니다. 지상에 침전조를 설치하는 경우, 바닥부분에 배수 밸브를 설치해두면 동력 없이도 밸브만 열어 침전물을 빼낼 수 있어 혼입물이 많은 곳에선 정말 편리합니다.

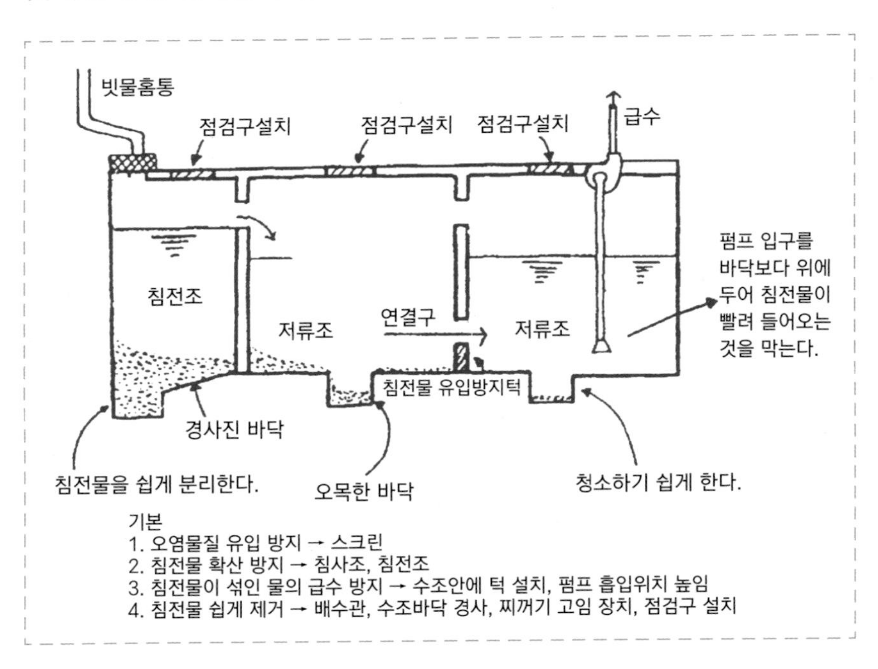

16. 침전조만 청소할 수 있는 구조로

빗물의 유입 에너지를 완화시키기 위해 빗물 유입구 바로 아래에 완충판을 설치할 수 있습니다. 필요한 경우 이 완충판 표면을 인공 잔디 모양으로 하면, 완충효과를 크게 할 뿐만 아니라 여과효과도 기대할 수 있습니다.

침전조 안에서 빗물이 머물러 있는 시간이 길어질수록 침전이 더 효과적입니다. 하지만 침전시켜 아무리 깨끗하게 해도 한번에 많은 비가 유입되는 경우에는 침전조에서 침전물이 다시 떠올라서 더러워지기도 합니다. 따라서 2중 3중으로 침전을 시키면 탱크의 효율을 높일 수 있습니다. 그러나 이런 다중 침전시설은 대규모의 빗물 이용이 아니면 비용면에서 맞지 않고 유지 관리도 까다롭습니다.

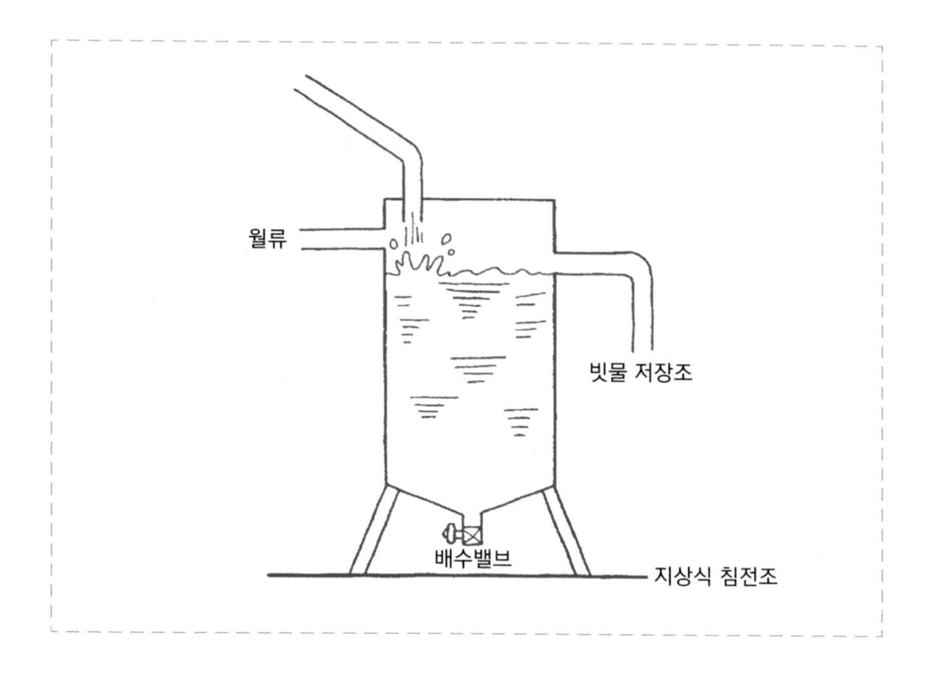

17. 동력 장치가 필요 없는 간단한 여과방법

빗물과 함께 흘러 들어온 토사나 먼지 중에는 너무 가볍거나 작아서 침전만으로는 없애기 어려운 것들도 있습니다. 이것들을 없애기 위해서는 침전조 옆에 여과장치를 설치하여 처리하면 아주 효과적입니다. 여과처리 방법은 여러 가지로 생각해 볼 수 있겠지만, 빗물용으로는 다음과 같은 방법이 있습니다.

1. 자갈층을 설치해 간단히 여과하는 방법이 있습니다. 여과재인 자갈층 소재에는 7~8cm 정도의 화강암 같은 견고한 돌이 적합하고, 같은 모양의 플라스틱도 상관없습니다. 자갈층의 두께에 따라 여과 효과가 달라지는데, 유지관리를 생각해본다면 그다지 두껍지 않은 70cm 전후가 적당합니다. 정기적으로 점검해 자갈층에 모인 토사 등을 없앨 필요가 있습니다. 자갈을 바구니나 그물에 넣어두어 이를 꺼내 씻으면 편리합니다.

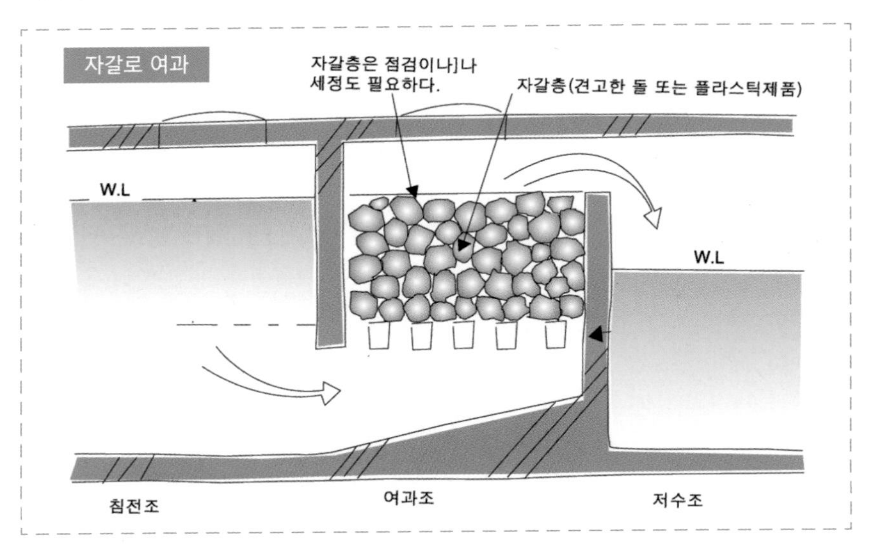

2. 자갈 대신 금속제나 수지제 메쉬 스크린(mesh screen, 필터)을 여과재로 사용하는 방법도 있습니다. 가는 망을 쓸수록 여과 효과는 좋아지지만, 막히지 않도록 정기점검, 청소 등 잦은 신경을 써야 하는 불편함이 있습니다. 하지만 청소할 때는 필터를 꺼내 청소하면 되므로, 자갈 여과에 비해 간단합니다.

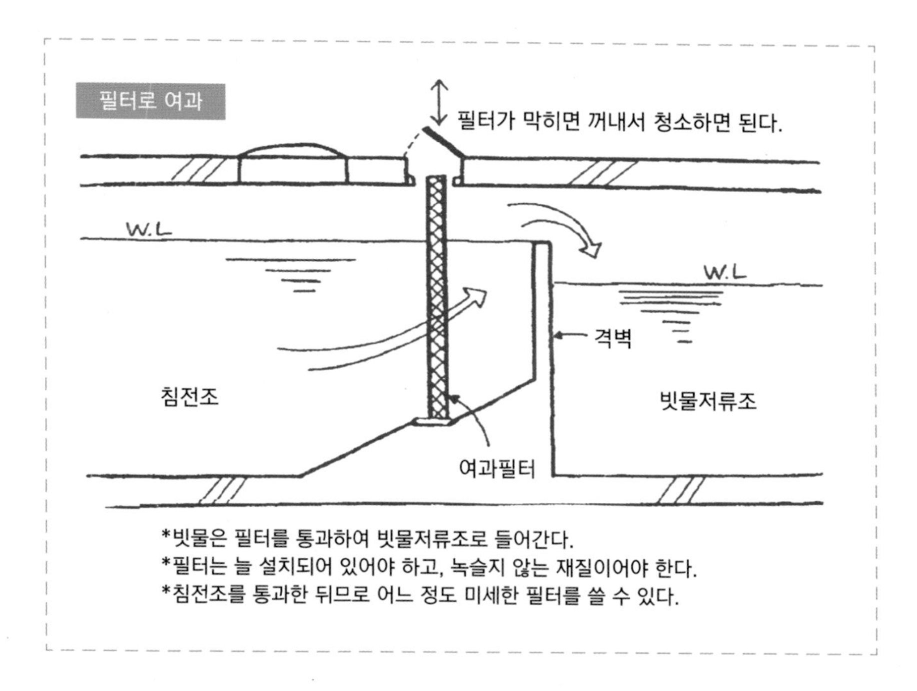

자갈층 방식이나 필터식은 특별한 동력 장치를 필요로 하지 않습니다. 이외에도 자동 세정식 회전 여과기나 구멍이 작은 필터를 사용한 마이크로 여과기, 모래를 여과재로 사용한 모래여과장치 등이 있지만 빗물의 용도에 따라서는 과잉설비가 될 수도 있습니다.

18. 모기 유충 걱정은 없다

빗물저장탱크에 모기유충이 생겨 모기가 번식하지 않을까 하는 걱정은 할 필요가 없습니다. 탱크 안의 빗물은 소비되고 새롭게 보급되어 오랫동안 통 안에 남아있지 않으므로 혹시 빗물에 유충이 섞여 들어오거나, 저장탱크를 청소하기 위해 뚜껑을 열 때 모기가 들어와 알을 낳아도 살아남을 수 없습니다. 몇 개월이라도 맑은 날이 계속될 때에는 빗물도 거의 바닥나고, 조금이나마 남은 물은 탱크를 청소할 때 내버린다면 유충을 없앨 수 있습니다.

빗물받이나 빗물도랑이 있는 경우에는 배수구가 쉽게 막혀 모기 유충이 생겨날 수 있습니다. 그렇기 때문에 빗물받이의 투수성을 좋게 하여 받이 안의 빗물이 지하로 스며들게 해 물이 고이지 않게 대비해야 합니다. 땅에도 좋고, 모기 발생도 막는 대책입니다.

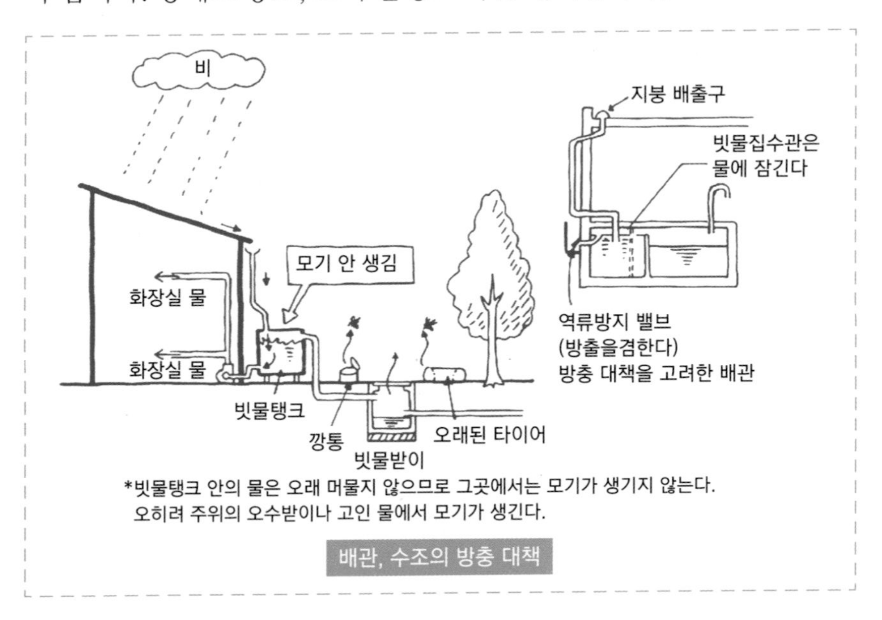

*빗물탱크 안의 물은 오래 머물지 않으므로 그곳에서는 모기가 생기지 않는다.
오히려 주위의 오수받이나 고인 물에서 모기가 생긴다.

배관, 수조의 방충 대책

그래도 걱정된다면 빗물탱크에 붙여둔 수위계를 보면서 일기예보의 강수량 예측에 따라 탱크 안의 빗물을 미리 빼내어 조정하면 오래된 빗물이 남지 않아서 완벽합니다. 빼낸 빗물은 물론 지하로 스며듭니다.

19. 일기예보에 따라 저류량을 조정

수위계는 빗물저장탱크 유지 관리에 없어서는 안 될 장치로 부표식, 파이프식 등이 있습니다. 부표식은 탱크 안에 떠오른 부표가 수량에 따라 오르내리고, 부표에 붙은 바늘이 탱크 안의 수위를 표시하는 방식입니다. 파이프식은 저장탱크의 바닥 높이에서 투명한 파이프를 수직으로 접속하여 파이프 안에 들어온 빗물의 높이로 수위를 읽는 방식입니다.

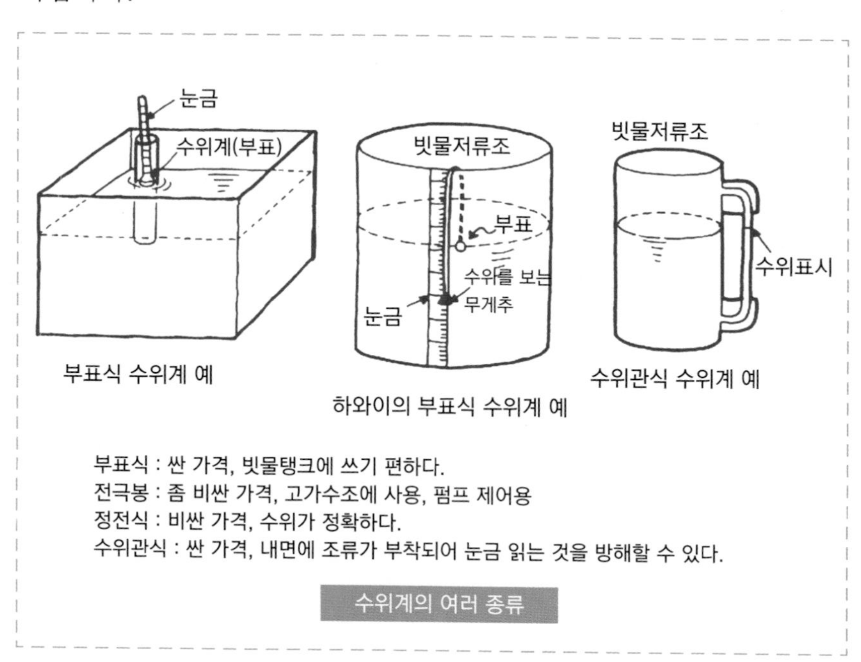

부표식 : 싼 가격, 빗물탱크에 쓰기 편하다.
전극봉 : 좀 비싼 가격, 고가수조에 사용, 펌프 제어용
정전식 : 비싼 가격, 수위가 정확하다.
수위관식 : 싼 가격, 내면에 조류가 부착되어 눈금 읽는 것을 방해할 수 있다.

수위계의 여러 종류

20. 갑자기 많은 비가 내릴 때

갑자기 많은 비가 집수관에서 빗물탱크로 들어오면 바닥에 쌓인 찌꺼기 등이 교란되어 들어와 장치에 문제를 일으키고, 무엇보다도 저장된 깨끗한 물이 한꺼번에 넘쳐버려 엉망이 됩니다. 옥상에서 집수를 하는 경우에는, 지붕 홈통에 유입 제어장치를 설치하거나 지붕 홈통 주위에 콘크리트 턱을 만들어 혼입물이 집수관을 타고 유입되지 않게 할 필요가 있습니다. 그러나 그것만으로는 옥상에 빗물이 일시 머물러 누수사고를 일으킬 수 있으므로, 집수구와는 별도로 구멍을 설치하여 물을 빼냅니다. 그 경우에 집수관의 직경은 넘치는 물을 빼는 목적의 수직홈통보다 작게해야 합니다. 집수관 수직홈통 부분에 압력을 피하기 위한 배관을 하여 집수관 안에 초과 압력이 생기지 않도록 합니다.

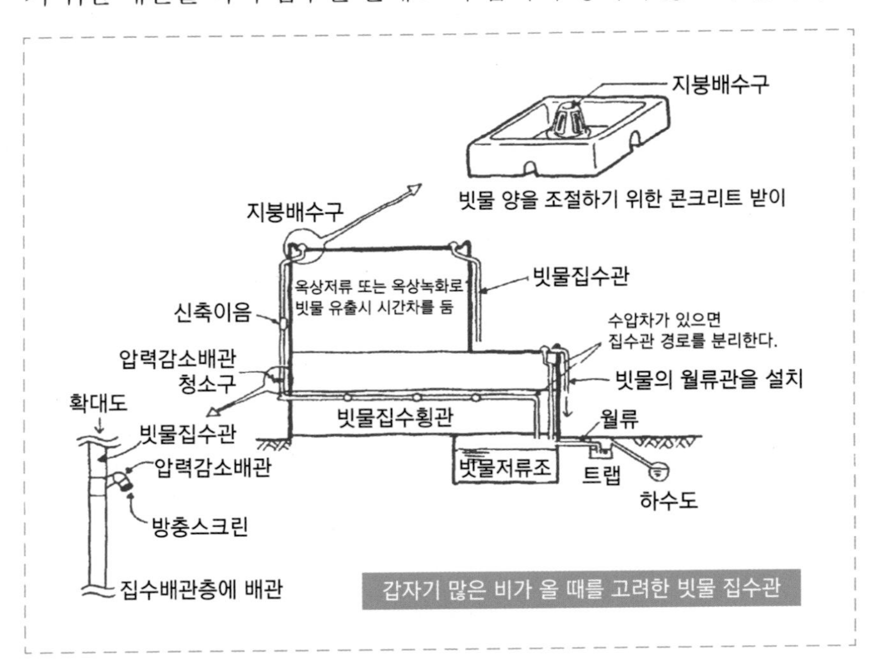

갑자기 많은 비가 올 때를 고려한 빗물 집수관

소규모 빗물시설에는 빗물저장탱크 밖으로 분리할 수 있는 집수관을 사용합니다. 집중호우 예보가 나올 때는 집수관을 빼놓으면 됩니다. 또 다른 방법으로 빗물탱크의 물을 완전히 빼놓을 수도 있습니다.

21. 폭설 대비도 된다

대설주의보 때 저장되어 있던 빗물은 대단히 유용할 수 있습니다. 평소 눈이 잘 오지 않는 도시에서는 눈이 많이 내릴 때마다 큰 소동이 벌어집니다. 철도는 탈선 걱정, 차는 미끄러짐 사고, 사람은 넘어져서 병원에 입원합니다. 그럴 때 모아 놓은 빗물이 큰 역할을 할 수 있습니다. 지붕이나 정원이나 도로에 물을 뿌려 눈을 녹입니다. 국기원에서도 빗물을 이용해 눈을 녹이는 설비가 되어 있습니다. 가정에서는 특별한 설비 없이도 이용할 수 있습니다.

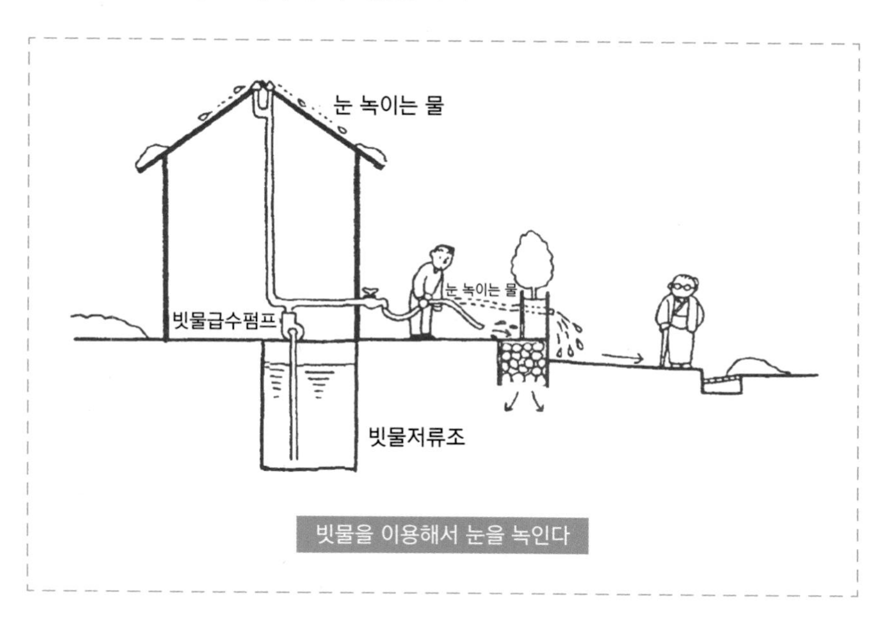

빗물을 이용해서 눈을 녹인다

22. 탱크와 파이프의 수위 차에 유의

빗물저장탱크가 가득 차서 넘쳐 나온 빗물은 월류관을 통해 침투받이 등으로 나가서 지하에 스며듭니다. 월류관은 비가 내릴 때 말고는 물이 흐르지 않으므로 평소에는 모기가 들어오는 통로가 될 수 있습니다. 이를 막기 위해 월류관 배출구 앞쪽 끝에 망을 두어 모기가 들어오지 못하게 합니다.

빗물탱크를 지하에 설치하는 경우, 탱크 안의 수면과 침투받이의 수위차에 따라서 역류의 가능성도 있습니다. 따라서 월류관 설치수위에 따라 역류 방지 밸브를 붙일 필요가 있습니다. 또 월류관 배출구 앞쪽 끝에는 충분히 물이 넘쳐 나올 공간을 둡니다.

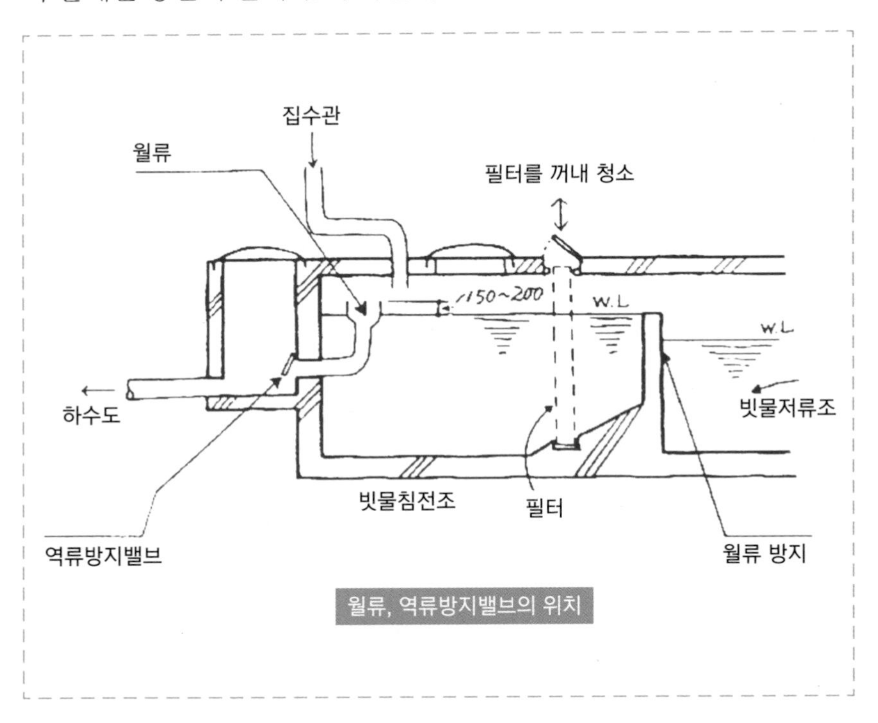

월류, 역류방지밸브의 위치

월류관 내부에 빗물받이를 설치할 필요가 있는 경우에는 바닥부분을 투수성으로 해서 침투받이를 준비해 놓습니다. 또 월류관에 펌프를 설치할 필요가 있는 경우에는 역류방지 판을 붙여야 하고, 펌프를 설치하지 않은 경우와 마찬가지로 배수구에서 모기가 들어오지 않도록 해야 합니다.

빗물이용시스템 흐름도

<table>
<tr><td rowspan="7">빗물</td><td colspan="5">농지, 녹지 → → → (침투)</td><td rowspan="7">지하수</td></tr>
<tr><td colspan="5">시가지 비포장노면 → → → (침투)</td></tr>
<tr><td rowspan="2">도로</td><td colspan="2">주요도로-일반포장-측구</td><td rowspan="2">침투받이
침투도랑
투수성포장</td><td rowspan="2">→ (침투)</td></tr>
<tr><td colspan="2">일반차도보도</td></tr>
<tr><td colspan="2">공원, 주차장</td><td>저류조</td><td colspan="2">정원용수에 이용 → (침투)</td></tr>
<tr><td colspan="2">연립주택 지붕의 빗물</td><td>저류조</td><td colspan="2">정원용수에 이용 → (침투)</td></tr>
<tr><td colspan="2">단독주택 지붕의 빗물</td><td>빗물저류조</td><td colspan="2">정원용수에 이용 → (침투)</td></tr>
</table>

빗물저장탱크에서 넘치는 물도 하늘로부터 받은 귀중한 빗물입니다. 가능하면 하수도로 나가지 않게 해 도시 홍수를 막고, 지역 물 순환의 재생 및 확보에 기여해야 한다고 생각합니다. 또 부지가 마땅치 않아 그냥 하수관으로 흘려버리는 경우, 월류관 설치 요령은 침투도랑에 배출되는 경우에 따라야 합니다.

23. 침투도랑과 침투받이를 설치

지붕에 내린 빗물을 저장탱크에 모아 쓰는 것 말고 넘치는 물이나 부지에 떨어진 비를 침투도랑 등으로 지하에 스며들게 해 지하수로 환원하는 것은 단지 치수상의 효과뿐만 아니라, 지역의 물 순환과 재생에도 큰 효과가 있습니다. 특히 도시에서는 빗물을 지하에 스며들게 함으로써 고갈된 지하수를 소생시키고, 지반 침하를 방지하며, 나무도 자라게 하고, 대기를 촉촉하게 하는 효과를 얻을 수 있습니다.

빗물을 지하에 스며들게 하는 데에는 침투도랑, 침투받이, 침투구, 침투우물, 투수성 포장 등이 있습니다. 단독주택에도 이것들을 설치할 수 있습니다. 홈통에서 흘러내린 빗물을 침투도랑이나 침투받이를 통해 서서히 지하로 스며들도록 합니다.

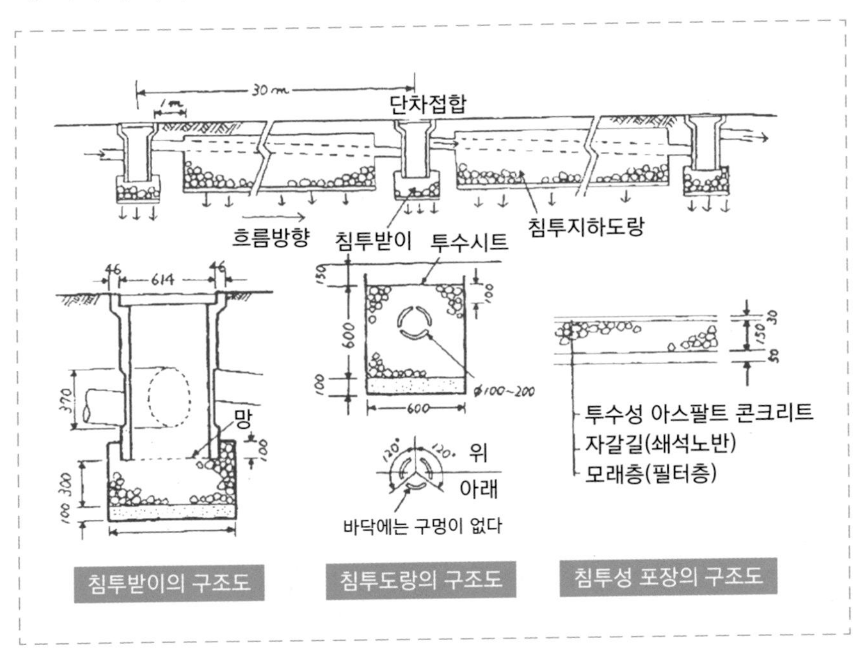

침투받이의 구조도 / 침투도랑의 구조도 / 침투성 포장의 구조도

24. 빗물이용→지하침투→지하수 함양

주차장이나 도로처럼 면적이 넓은 지표면은 투수성 포장을 하여 빗물이 최대한 땅으로 스미게 해야 합니다. 비가 내릴 때 월류수뿐만 아니라 세차나 청소, 세탁, 건물 냉각에 사용한 빗물도 가능하면 지하로 보낼 수 있게 해야 합니다. 이것은 주변의 지하 상태와 나무에 도움을 줄 수 있습니다. 도쿄의 무사시노 대지에는, 물을 많이 필요로 하는 삼나무가 자라기에 어려움이 많다고 보고된 적이 있습니다.

빗물을 지하에 스며들게 하는 것은 지하수를 함양시키고, 가로수를 보전하여 살릴 수 있으며 도시의 열섬 현상을 억제하는 효과도 있습니다. 메말라가고 있는 샘물을 부활시킬 수도 있습니다. 빗물 이용과 지하 침투, 지하수 함양, 녹화에 대해서는 이 책의 다른 장에서 자세히 적어 놓았습니다.

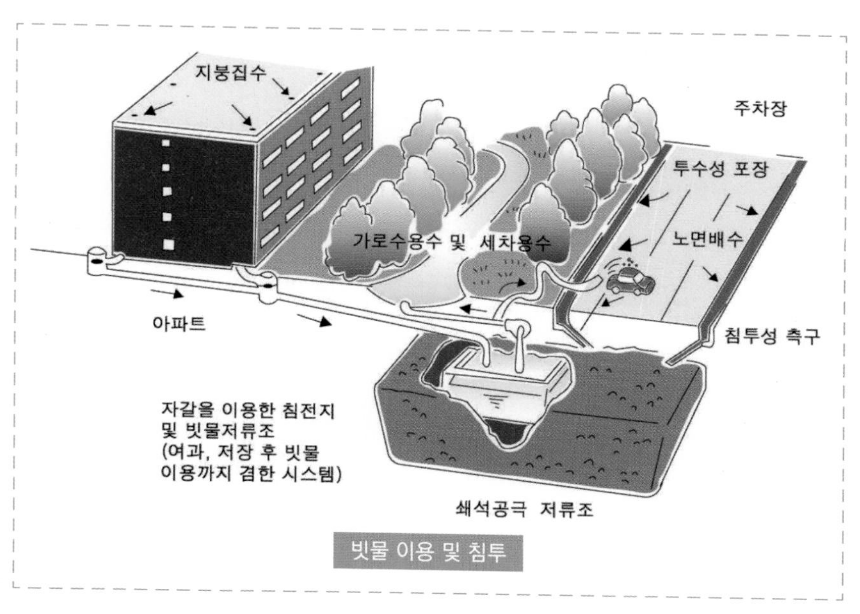

빗물 이용 및 침투

25. 빗물이 부족하면 수돗물로 보충

수세식 화장실 물을 빗물로 쓸 때, 빗물저장탱크가 바닥나면 화장실을 쓸 수 없게 되어 버립니다. 따라서 비가 내리지 않을 때엔 수돗물을 보급해 저수조의 수량을 확보할 필요가 있습니다. 대규모 빗물 이용 시설에는 빗물저장탱크의 수위가 떨어지면 탱크 안에 설치된 부표나 전극봉이 반응해 공급관 밸브가 열려 자동으로 수돗물을 공급하는 장치를 두고 있습니다. 수위계를 보고 필요에 따라 수동 밸브를 열어 보급하는 방법도 있습니다.

수돗물 급수 탱크가 높이 있으면, 빗물이 부족할 때 이 탱크에서 빗물저장탱크에 물을 보충해야 합니다. 빗물을 이용하는 건물은 다른 건물에 비해 수돗물 사용량이 적어 옥상에 있는 물탱크에 물이 오랫동안 머물기 때문에 수질이 나빠질 수 있습니다.

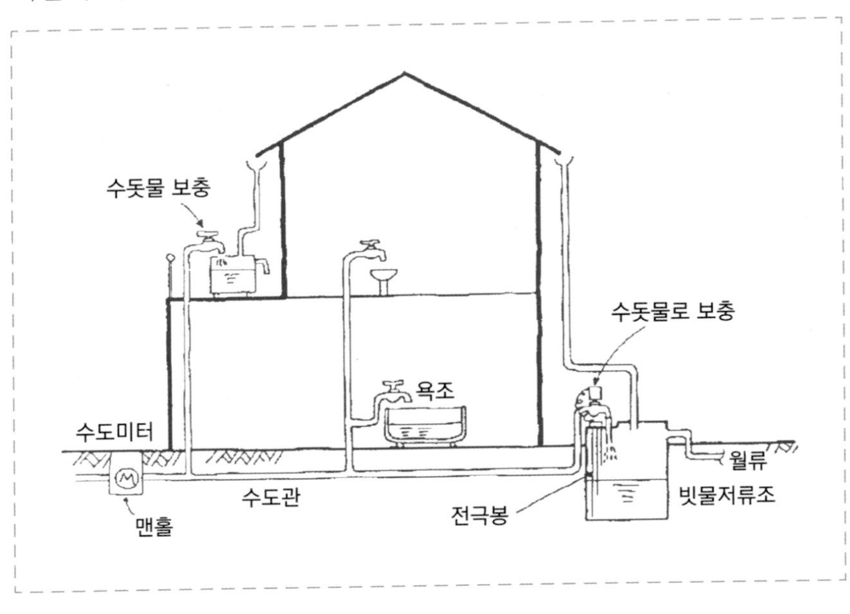

26. 보급수조를 경유해 물을 받고 싶으면

수돗물을 빗물저장탱크의 보충수로 사용한다면 저수조의 수질을 일정하게 유지할 수 있습니다. 그러나 고가수조의 용량이 빗물 이용을 전제로 계산되었을 때에는 고가수조 안에 빗물이 남아있지 않게 되므로 빗물저장탱크를 수도직결 방식으로 보급하도록 합니다. 그렇게 해야 펌프 운전비가 적게 듭니다.

고가수조를 경유해 수조와 직결 방식으로 연결되어 있으면, 빗물저장탱크에서 수돗물 보급관으로 물이 역류하지 않도록 주의해야 합니다. 보통 보급관 물 출구와 빗물탱크의 물을 받는 입구 사이에 일정한 간격(물이 넘치는 공간)을 두거나 vacuum breaker(보급관에 압력이 생기면 자동으로 공기를 흡인시켜 파이프 안의 기압을 높이는 장치)로 역류를 대비합니다. 또 가능하면 보급 탱크를 설치해서 보급 탱크를 경유해 수돗물을 받습니다.

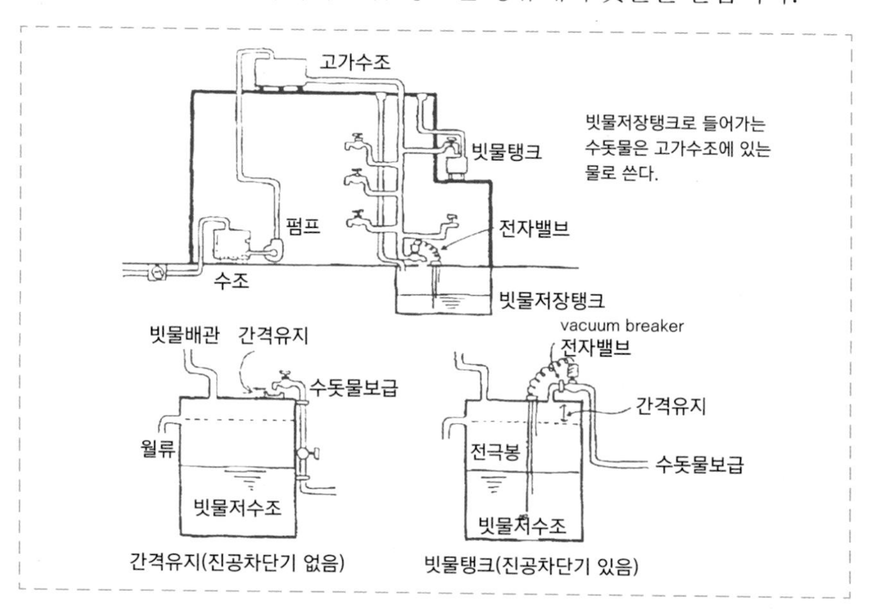

간격유지(진공차단기 없음)　빗물탱크(진공차단기 있음)

27. 빗물용 고가수조에서 각 층에 급수

높은 건물에서 수돗물은 도로 밑의 본관으로부터 부지 내로 끌어온 파이프를 통해 일단 수조로 들어와서 각 층과 방으로 급수됩니다. 수조는 보통 부지 안의 지상 또는 지하에 설치되어 있습니다. 만약 동력 펌프만으로 직접 각 층이나 각 방에 급수하면 층에 따라 수압이 강해지기도 약해지기도 합니다. 그러므로 이를 조절하기 위해 복잡한 장치를 설치하지 않으면 안 됩니다. 옥상이나 건물꼭대기에 고가수조를 설치해 아래층에 있는 수조에서 펌프로 올려주어 방마다 자연적인 낙차 에너지로 급수하는 방법도 있습니다.

빗물 이용에도 고가수조를 설치하는 방법이 있습니다. 그 재질이나 구조는 상수도용과 기본적으로는 같지만, 빛을 투과하기 쉬운 재질(예를 들면 강화플라스틱)은 피하고 햇빛을 차단할 수 있는 재질로 할 필요가 있습니다. 이는 직사광선에 따라 탱크 안에 이끼가 생길 수도 있기 때문입니다.

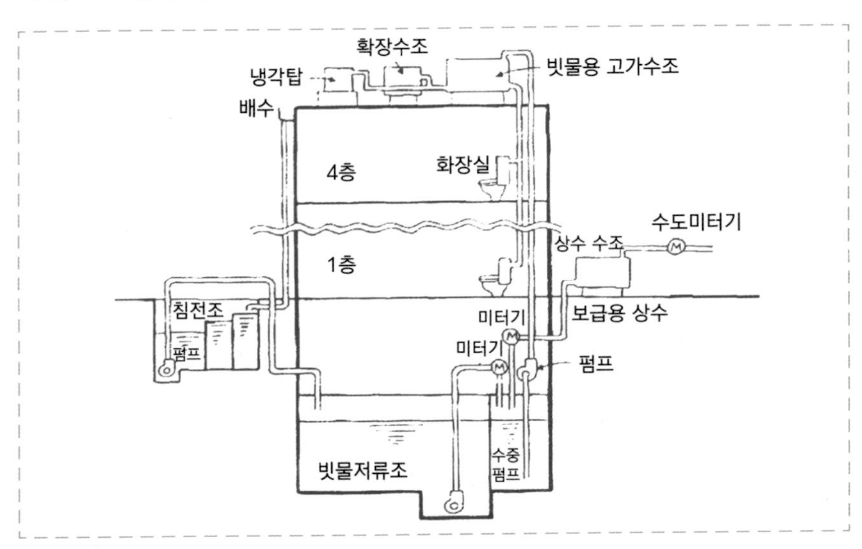

28. 단독주택에는 펌프로 올리는 방식

빗물탱크의 물이 부족해 수돗물을 보급할 때를 위하여 저류탱크와는 별도로 보급탱크를 설치해두는 것이 좋다고 앞에서도 말했듯이, 빗물 전용으로 고가수조를 설치하는 경우에는 고가수조가 보급탱크를 겸할 수도 있습니다.

다시 말해 수돗물용의 고가수조에서 빗물용의 고가수조로 직접 급수해 보급하는 것도 가능합니다.

즉, 빗물 전용인 고가수조는 단독주택 등 낮은 건물에는 필요하지 않습니다. 설치를 한다고 역효과가 나는 것은 아니지만, 설치비나 유지비가 늘어나므로 펌프로 길어 올려 급수하는 것이 더 효과적입니다.

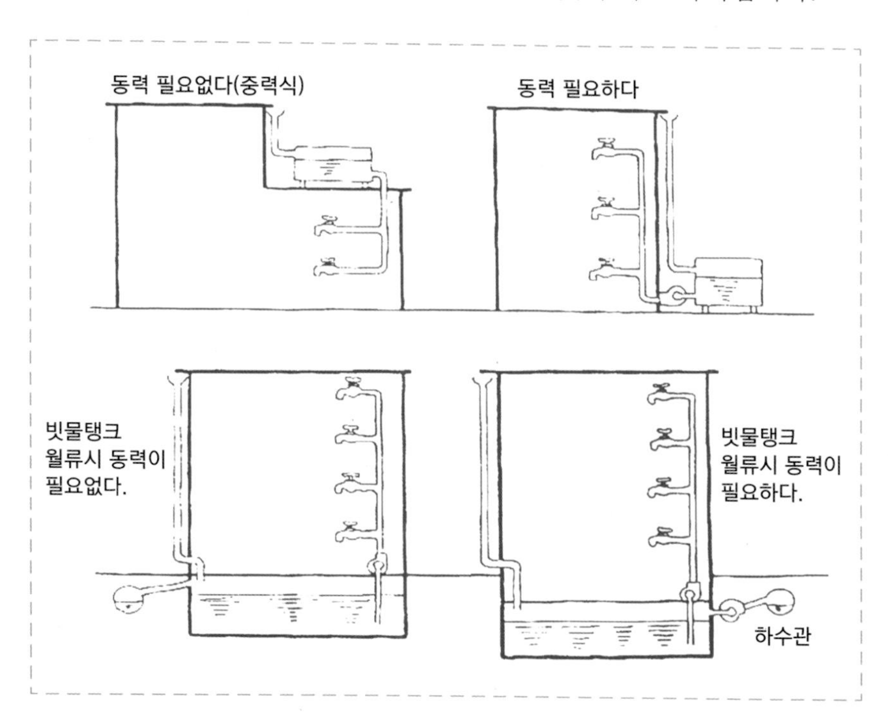

29. 펌프 시설은 상수용과 같다

지상이나 지하의 빗물저장탱크에서 옥상의 빗물용 고가수조로 물을 퍼올리거나 2층 이상 수세변기로 물을 댈 때에는 양수펌프가 필요합니다. 양수펌프에는 수중식과 바닥설치식 두 종류가 있습니다. 소형이라면 100볼트, 대형이라면 200볼트의 전기로 구동합니다. 수위를 감지하는 전극봉이나 부표를 탱크에 설치하여 저류량이 일정량 이하가 된 것을 감지하면 양수펌프가 자동으로 작동합니다. 이 장치는 상수도 수조와 비슷합니다.

빗물 이용의 규모가 큰 경우에는 양수펌프를 2대 설치합니다. 이 점도 상수의 수조와 같습니다. 한 대가 고장나도 다른 한 대가 교대해 운전할 수 있으므로 양수가 멈추진 않습니다. 빗물 이용 규모가 작은 단독주택에서는 고장이 났을 때 바로 고칠 수만 있다면 양수펌프 한 대로 족할 것입니다.

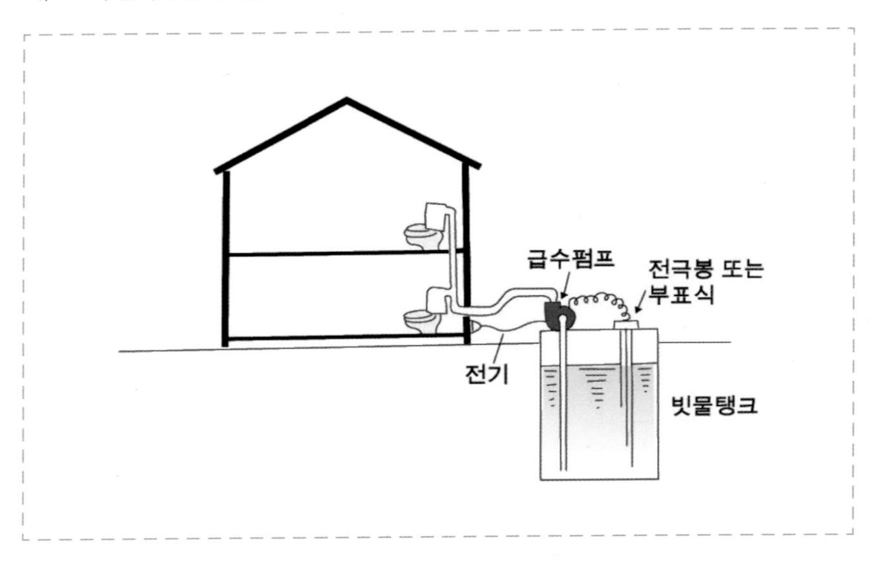

30. 빗물 이용을 실감할 수 있는 수동펌프

펌프의 종류도 화장실 급수정도라면 작은 우물용이라도 괜찮습니다. 또 정원용수나 세차용 정도의 빗물 이용이라면 수동펌프로도 충분합니다.

수동펌프는 손잡이를 매번 누르지 않으면 올라오지 않으므로 얼마든지 흘러나오는 전동펌프 급수보다는 귀찮겠지만, 갑자기 정전이 되어도 빗물을 길어올릴 수 있으니 나쁘지만은 않습니다. 또한 아이들에게 절수 관념도 가르쳐 줄 수 있고, 빗물 이용도 실감할 수 있게 해주니 가정용으로 수동펌프를 추천할 만 합니다.

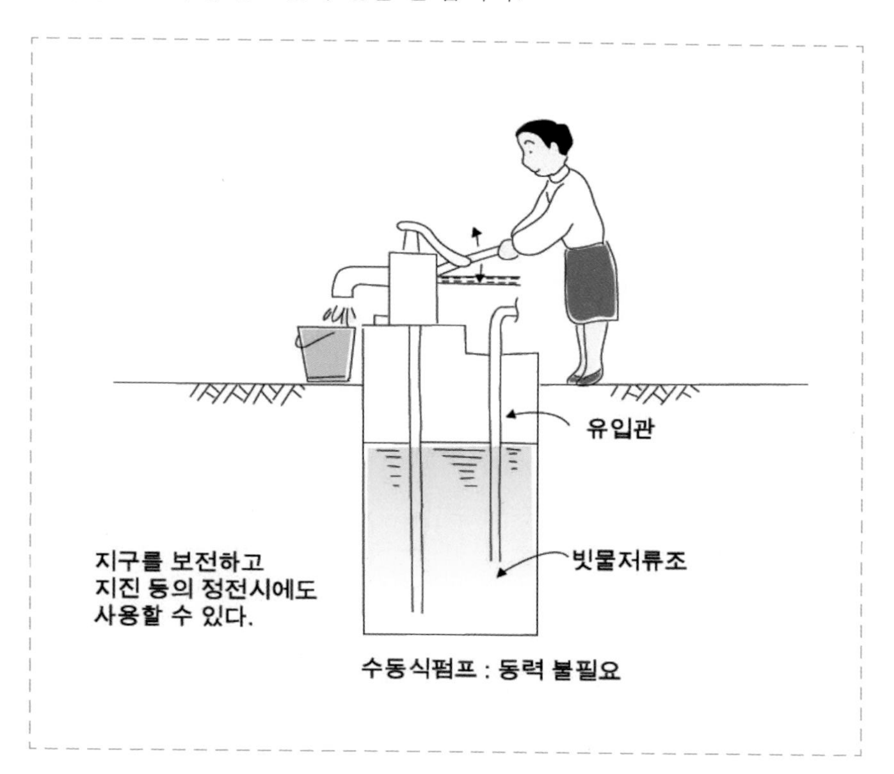

31. 수도관과 빗물 급수관은 반드시 따로 배관

빗물을 집안이나 집밖에서 사용하려면 빗물 급수관을 설치해야 하지만, 이 빗물 급수관은 수도관과는 다른 계통으로 배관해야 합니다. 수돗물의 배관과 빗물의 급수관을 직접 접합시키면 절대 안 됩니다. 만약 빗물 급수관과 수도관이 접속되어 있다면 교차 접합(Cross Connection)된 것으로 빗물이 상수도관에 흘러들어 수돗물이 오염될 수 있습니다. 빗물 급수관이라고 바로 알 수 있게 배관에 표시해서 교차 접합을 막아 주어야 합니다. 신축하거나 증개축을 해서 급수관 배관공사를 할 때는 공사가 끝나는 시점에, 수돗물과 빗물 배관이 잘못 접합되지 않았나 확인해야 합니다.

정원이나 발코니에 설치한 빗물탱크에 수도꼭지를 붙여 빗물을 양

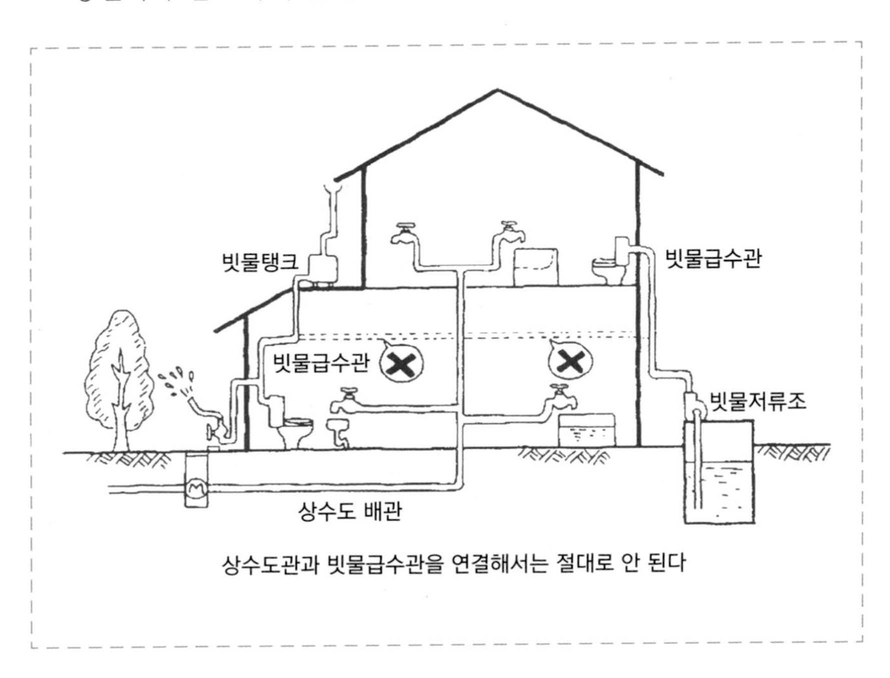

상수도관과 빗물급수관을 연결해서는 절대로 안 된다

동이로 받거나, 수도꼭지에 연결된 호스를 통해 빗물을 받아 쓰는 것을 수도꼭지 직결식이라고 합니다.

빗물 급수관을 배관하지 않아도 되므로 이런 시설물의 공사비는 비싸지 않습니다. 수도꼭지의 직경은 빗물을 어디에서 어떻게 사용하는가에 따라 약간 다릅니다만, 일반적으로 13mm 정도입니다. 수도꼭지를 다는 위치는 빗물 저장탱크 아래쪽이지만, 너무 바닥 가까이 하면 탱크 안에 가라앉은 찌꺼기가 같이 나오는 수도 있으므로 바닥에서 조금 위에 달아주는 것이 좋습니다.

저수탱크가 지상에 있어 빗물 급수관을 배관하고, 양수펌프를 설치한 경우라도 빗물저장탱크에서 직접 양동이에 길을 수 있게 수도꼭지를 조금 높이 달면 탱크안의 수질을 확인하기 위한 샘플링도 바로 할 수 있어 편리합니다.

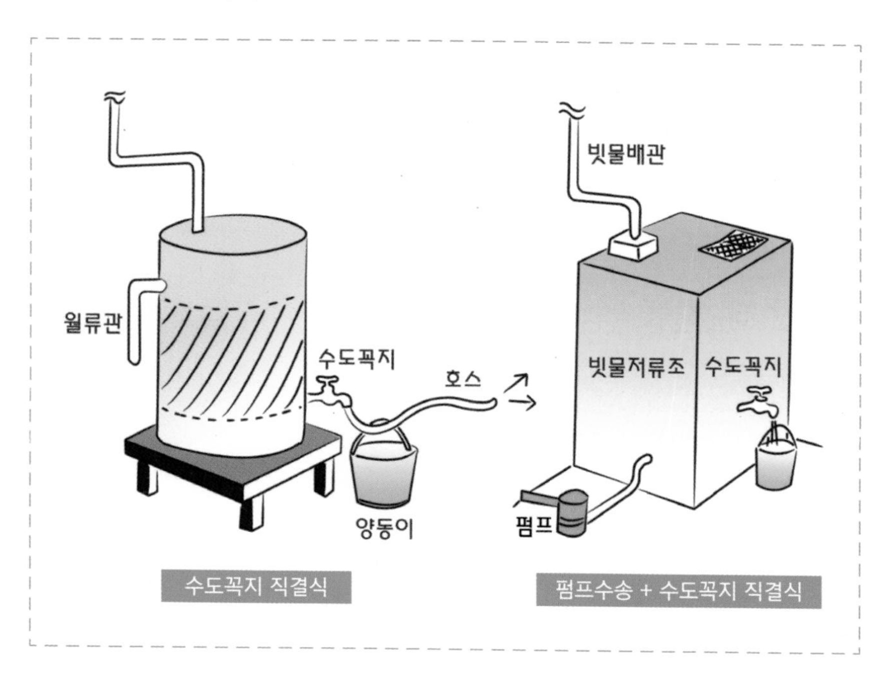

수도꼭지 직결식

펌프수송 + 수도꼭지 직결식

32. 점검은 부지런히, 청소는 필수

깨끗한 빗물을 모아 쓰기 위해서는 빗물 이용 시설의 유지관리가 정말 중요합니다. 유지관리는 남에게 의지하기보다는 직접 할 수 있어야 합니다. 가족이 연간계획을 세워 담당을 정하는 것은 어떨까요 아래에 유지관리 요점을 정리해 보았습니다.

1. 집수면 : 정기적으로 지붕 등의 집수면을 청소해서 쓰레기나 동물 배설물을 모아 치웁니다. 낙엽이 많은 계절에는 자주 청소해 홈통이 지저분하지 않게 합니다.
2. 침사조, 침전조, 그물망 : 비가 적게 오는 시기에 침사조나 침전조 바닥을 깨끗이 청소합니다. 지상에 빗물탱크가 있다면 탱크 바닥에 있는 배출관으로 침전물을 내보냅니다. 탱크 안 청소는 침전물의 양에 따라 1~5년 간격으로 합니다. 그물망에 붙은 쓰레기는 자주 치워야 합니다.
3. 여과장치 : 여과재에 달라붙은 찌꺼기나 쓰레기를 정기적으로 청소합니다. 여과재가 줄거나, 토사류가 잘 분리되지 않는다면 여과재를 보충, 교환합니다. 그리고 여과장치 내부는 1~3년 간격으로 청소합니다.
4. 빗물탱크 : 탱크 안을 1년에 2번 정도 점검해 침전물을 치웁니다. 통안의 청소는 필요에 따라 합니다. 집수면이나 처리시설의 유지관리를 철저히 하면 탱크 청소하는 횟수(1~5년에 1번 정도)를 줄일 수 있습니다.
5. 빗물 급수시설 : 펌프 등 움직이는 기기는 3개월에 1번은 점검해 정상적으로 움직이고 있는지 확인합니다. 그 밖의 설비는 6개월에 1번 정도 점검하고 상수 급수시설과 같이 유지관리합니다.

관리노트를 만들자

빗물	점검내용	점검주기	청소주기	점검, 청소한날	
지붕	낙엽과 새 배설물 치우기	1회/년	1~5년	'94.5.15	
홈통	낙엽 치우기, 누수 유무	2회/년	1~5년	〃	'94.11.13
스크린	낙엽과 쓰레기 치우기	1회/년	1~3년	〃	'94.6.17
침전조	침전물 점검과 청소	2회/년	1~3년	〃	'94.11.3
빗물저류조	침전물 점검과 청소	2회/년	1~5년	〃	〃
양수펌프	작동이 잘 되는지	2회/년	1~5년	〃	〃

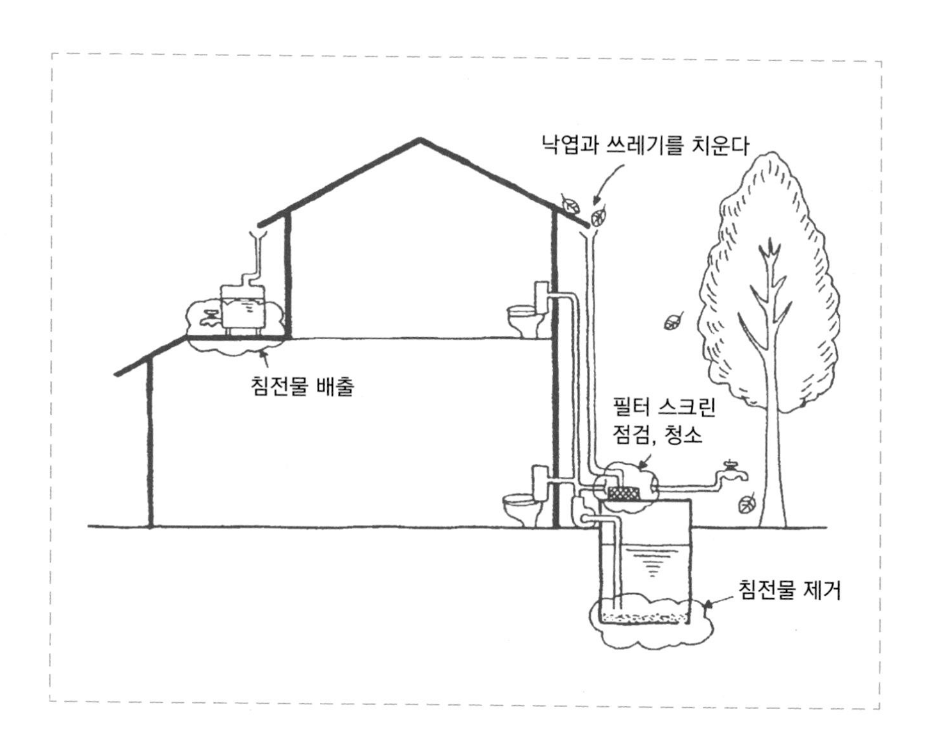

"

옥상에는 흙을 쌓아 야채밭을 만들고

담쟁이 넝쿨을 만들었습니다.

옥상의 흙은 태양광으로 옥상 콘크리트 바닥이

뜨거워지는 것을 막고 덩굴시렁 아래로 드리워진

넝쿨 식물은 맨 위층의 열 부하를 억제해줍니다.

"

4 장

•
•
•

빗물을 모아쓰는 사례
(일본)

빗물을 모아쓰는 사례 1

사토(Kiyoshi Sato) 씨의 집

사토 씨의 집은 빗물을 효율적으로 이용하는 집으로 널리 알려졌습니다. 1987년부터 본격적인 빗물 이용을 선구적으로 해오고 있고 수많은 잡지와 신문에 소개되었습니다.

이 집 지하에는 약 40㎥의 빗물탱크가 있어 빗물을 지붕으로부터 모아 주로 화장실 물로 쓰고, 물이 충분한 경우에는 세탁용으로도 씁니다. 이 집은 황천의 지류인 싱가시 강 유역에 자리잡고 있어 비가 많이 내리면 홍수가 날 수 있기 때문에, 홍수 방지에 큰 도움을 줄 것이라 생각하고 집을 지을 때 대형 빗물저장탱크를 만들어 빗물을 모아 유용하게 쓰고 있습니다.

빗물 이용의 여러 가능성을 검증할 수 있는 많은 시설들이 이 집에 설치되어 있습니다. 예를 들어, 1층 천정에는 빗물이 통과하는 파이프를 설치해 실험적으로 복사냉방을 해오고 있습니다. 관을 통해 빗물을 보내면 실내온도가 3도 정도 떨어진다고 합니다. 선풍기가 있다면 에어컨 없이도 여름을 그럭저럭 보낼 수 있습니다. 모은 빗물을 지붕에 뿌려 건물 냉각을 하는 것도 실험하고 있습니다. 빗물을 깨끗이 모으기 위해 집수관에 망을 설치하여 흙을 걸러 빗물을 여과하는 설비에 대해서도 실험을 하고 있습니다.

건축용도	단독주택
구조	철근 콘크리트조 3층 건물(1~2층) + 목조(3층)
건물면적	130㎡
빗물용도	화장실 물, 살수, 공조용 냉각수
집수면	지붕, 64㎡
저수탱크	지하, 40㎥
소재지	사이타마 현 오이타마치
준공일	1987년12월
설계자	테크노플랜 건축사무소

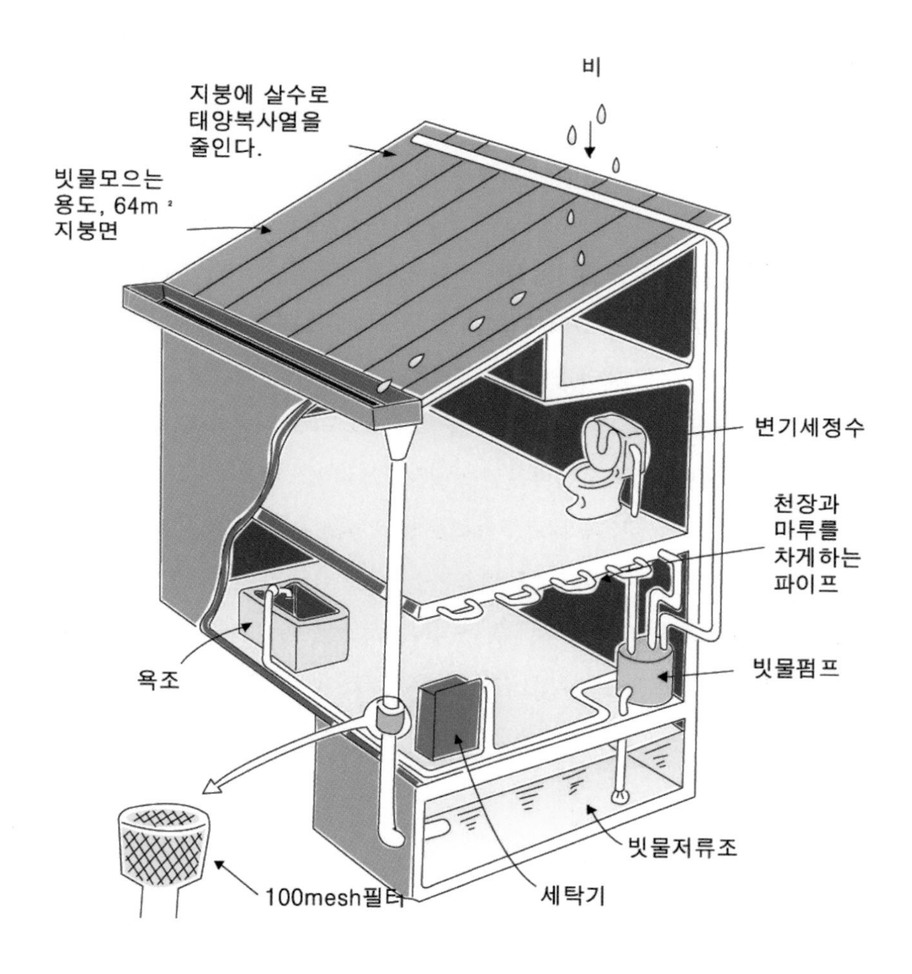
비
지붕에 살수로
태양복사열을
줄인다.
빗물모으는
용도, 64m²
지붕면
변기세정수
천장과
마루를
차게하는
파이프
빗물펌프
욕조
빗물저류조
100mesh필터
세탁기

빗물을 모아쓰는 사례 2

스즈키 교수의 집

이 집은 환경과 공생하는 집을 만들고자 빗물을 일상생활에 조화롭게 이용하도록 여러 장치들을 적용했습니다. 도쿄 이과대학 건축학과 교수로 수경 디자인의 일인자인, 스즈키 노부히로(Suzuki Nobuhiro) 씨가 설계한 이 집은 '빗물 디자인'으로 설계되었습니다.

2층 마루에는 채광창을 겸하는 폴리 카보네이트 빗물판이 빗물을 흘러내리게 해 즐겁게 볼 수 있습니다. 1층 발코니에는 빗물 연못과 작은 분수가 있고, 물가에는 검은 대나무로 만든 의자가 있어 분위기가 절묘합니다. 연못은 '태양연못'도 겸하고 있어 지붕의 스프링클러에서 물을 뿌리면 건물이 차가워져 복사냉방이 됩니다. 큰 PVC관 수직홈통을 옆에 세워 빗물이 흐르면 스테인레스 파이프 외벽에 흘러내리게 하였습니다. 그 스테인레스 파이프 바로 아래에는 돌로 만든 수반이 있어 아이들이 손을 씻거나 작은 새들이 물을 마시러 오곤합니다. 수반에서 넘친 빗물은 현관 앞을 가로지르는 작은 폭포로 흘러내려 정원의 하얀 옥석을 흐르면서 곧바로 지하로 스며들어 갑니다. 정원은 비가 내릴 때 유수지로서 빗물을 임시 저장하는 역할도 하고 있습니다.

건축용도	개인주택
구조	목조 2층, 철근 콘크리트조 1층(지상)
건물면적	136㎡
빗물용도	심미적 이용, 환경조경용(태양 연못), 잡용수, 지하수 재충전
집수면	지붕 64㎡ 비 연못 : 발코니 2㎥
소재지	사이타마 현 아사가스미시
준공일	1989년 6월
설계자	스즈키 노부히로

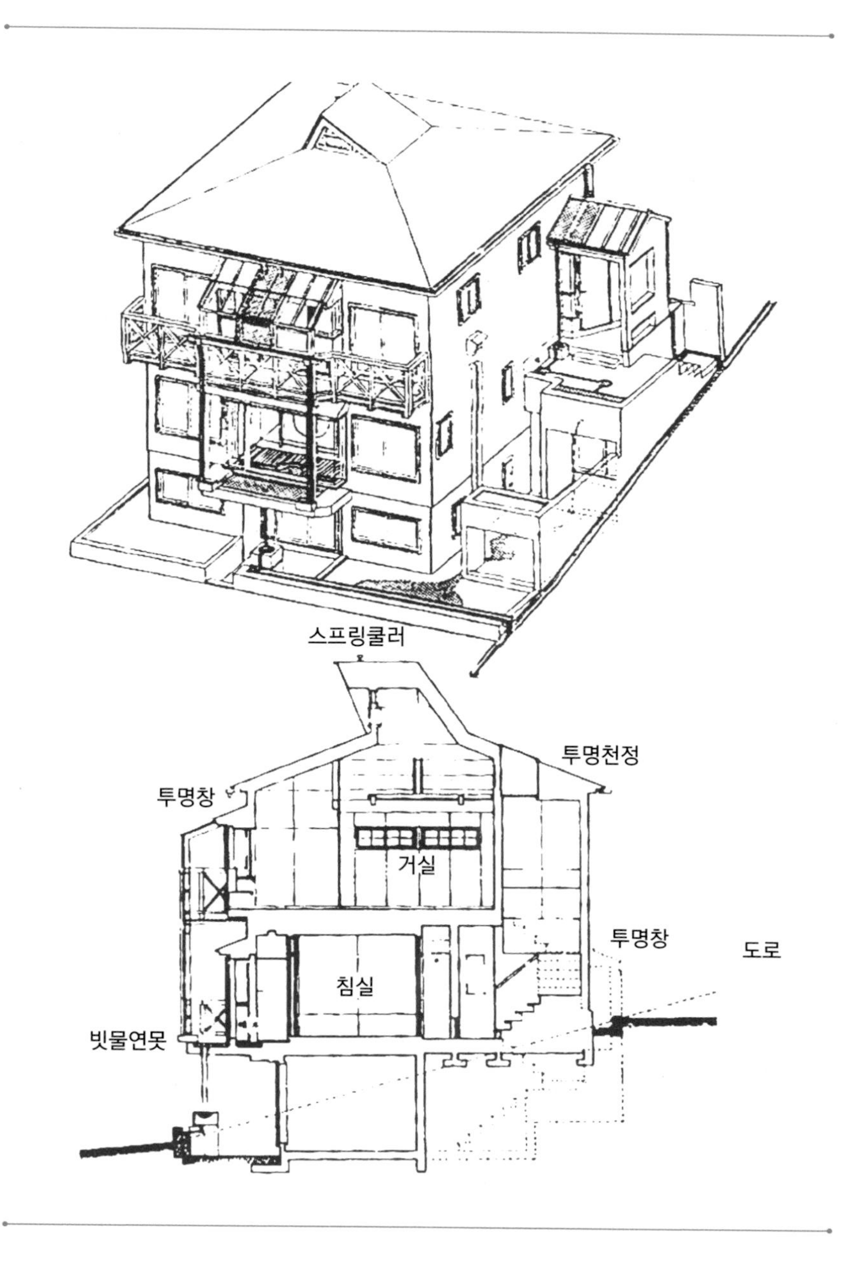
스프링쿨러
투명천정
투명창
거실
투명창
도로
침실
빗물연못

미나미(Minami) 씨의 집

이 집은 사람의 편의도 생각하고, 환경과 어우러지면서 자원 절약을 적극적으로 추구해 지었습니다. 예를 들어,

1. 빗물 이용 : 마룻바닥 아래에 용량 약 20톤의 빗물탱크를 설치하였고, 모은 빗물로 화장실 물을 100% 공급하고 있습니다. 빗물탱크가 가득 차면 넘치게 하여 침투받이를 통해 지하에 스며들게 하고 있습니다.

2. 태양열 발전 : 태양열 이용 판넬을 지붕에 설치했습니다. 낮에는 태양광으로 발전한 전기를 도쿄전력에 팔고 있습니다. 태양광 발전량은 하루 2.2킬로와트로, 도쿄전력에 판 전기값은 월평균 3,000엔 정도 된다고 합니다.

3. 태양열 온수기 : 유리와 진공관으로 만들어진 태양열 온수기를 사용하고 있습니다. 열을 모으기 위해 프레온 같은 용매를 사용하지 않는 온수기입니다. 수돗물의 압력을 그대로 사용하므로 효율적으로 온수를 공급할 수 있습니다.

4. 바닥 환기장치 : 건물 바닥 아래는 여름에도 온도가 섭씨 24도 정도입니다. 바닥 환기장치를 설치해 이 냉기를 실내로 끌어들여 에어컨을 대신합니다. 이로써 오존층 파괴의 원인인 프레온 가스를 냉매로 쓰는 에어컨과 인연을 끊었습니다.

5. 기타 : 사용한 목재는 대부분이 국내산입니다. 목욕물로 쓰고 남은 물을 세탁하는 물로 쓰기 위한 시스템도 추진하고 있습니다.

건축용도	개인주택	구조	목조 2층
건물면적	108㎡	빗물용도	화장실 물, 살수
집수면	지붕 94㎡	저수탱크	지하 25㎥
소재지	찌차 현 무로무로야시	준공일	1993년 12월
설계자	테크노플랜 건축사무소		

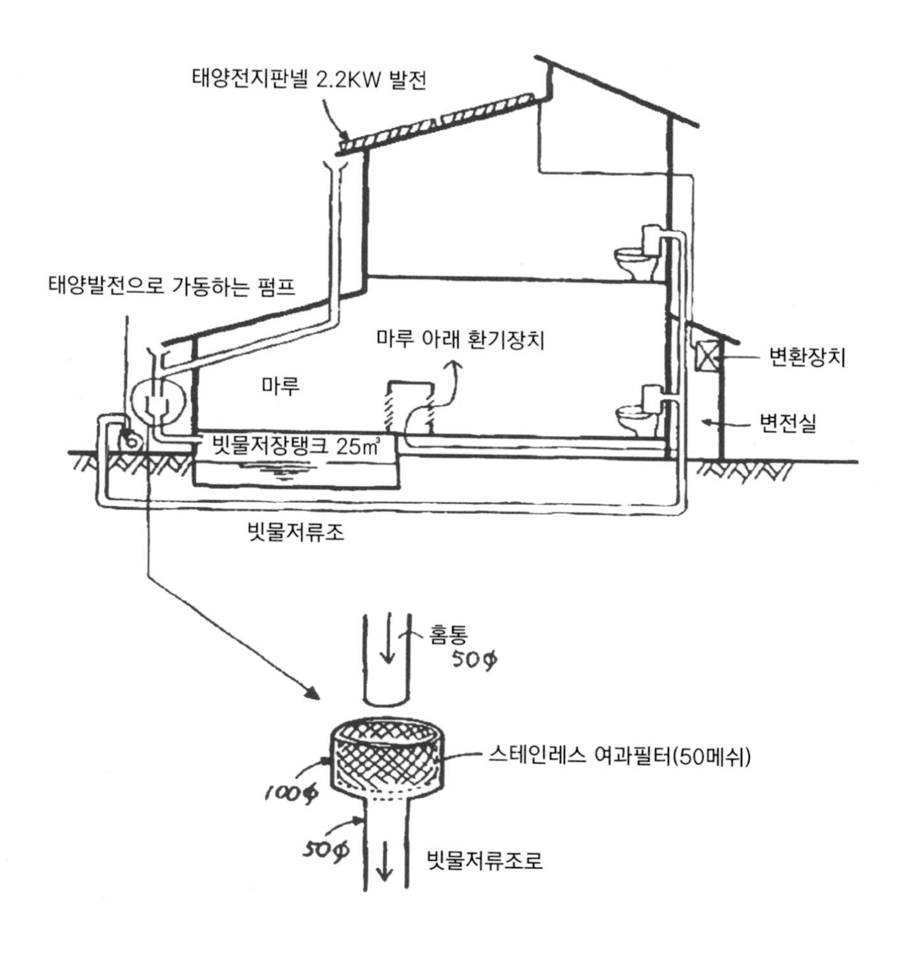
태양전지판넬 2.2KW 발전
태양발전으로 가동하는 펌프
마루 아래 환기장치
마루
변환장치
변전실
빗물저장탱크 25㎥
빗물저류조
홈통
50φ
스테인레스 여과필터(50메쉬)
100φ
50φ
빗물저류조로

빗물을 모아쓰는 사례 4

나카야마(Nakayama) 씨의 집

이 집은 기존 개인주택에서 빗물을 이용하기 위해 증축 또는 개축해서 콘크리트 빗물저장탱크를 지하에 묻은 예입니다. 빗물탱크 위에는 주차장을 만들었습니다.

이 집의 주인은 주부면서 마치다 구 구의원으로 환경 분야에서 일하고 있는 사람입니다. 그녀는 빗물이 매우 깨끗한 데도 사람들이 그것을 이용하지 않고 하수도에 흘려버리는 무모한 짓을 하고 있다고 생각합니다. 빗물 이용을 지역에 뿌리내리기 위해 스스로 실례를 모아주겠다고 이 건물을 고쳐 지은 것입니다.

모아놓은 빗물은 화장실 물이나 세차, 정원용수로 쓰고 있습니다. 나카야마씨 집에서 쓰는 월평균 물 사용량이 10㎥인데, 빗물 월평균 사용량은 5㎥로 2명의 가족이 쓰는 물(15㎥)의 3분의 1을 빗물로 쓰고 있습니다.

건축용도	개인주택
건물면적	주건물 138㎡, 별채 차고 18㎡
구조	목조 2층
빗물용도	화장실, 나무에 뿌릴 물, 세차용
집수면	지붕 110㎡
저수탱크	지하 20㎥
소재지	도쿄 마치다 구
준공일	1993년 6월
설계자	테크노플랜 건축사무소

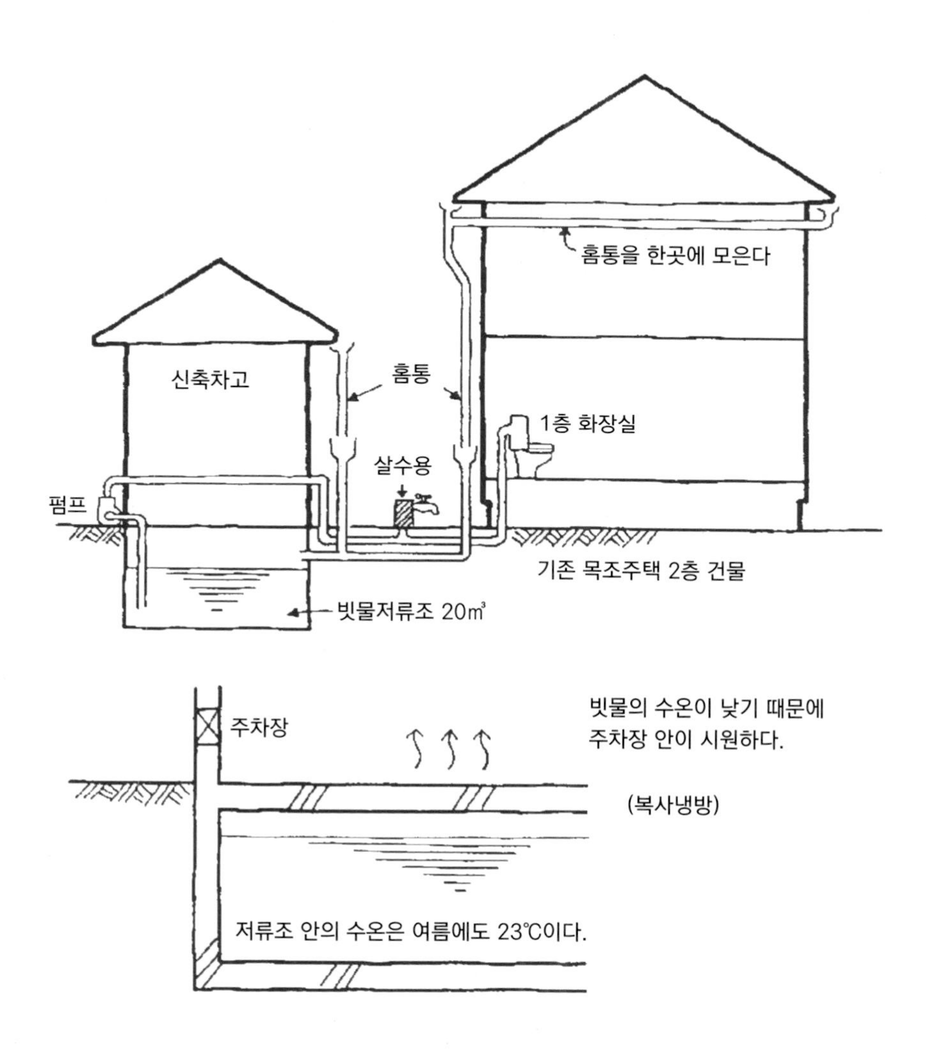
홈통을 한곳에 모은다
신축차고
홈통
1층 화장실
살수용
펌프
기존 목조주택 2층 건물
빗물저류조 20㎥
주차장
빗물의 수온이 낮기 때문에
주차장 안이 시원하다.
(복사냉방)
저류조 안의 수온은 여름에도 23℃이다.

아키다(Akida) 현 떡 공장

아키다 현의 오가타 마을은 아키다 떡으로 알려진 쌀 산지입니다. 1994년에 쌀 수입이 자유화되면서 농가의 고민은 냉해에 그치지 않고, 외국쌀과 경쟁해야 하는 데까지 이르게 되었습니다. 맛있는 현미만 출하하는 것이 아니라 2차로 가공해 부가가치를 얻지 않으면 안 되는 상황이 되었습니다. 그런 이유로 공동 떡공장을 세우게 되었습니다.

원료인 쌀을 씻는 데에는 많은 물을 씁니다. 오가타 마을은 바다를 간척해서 만든 곳이라 우물을 파서 마실 물을 얻고 있으나, 수질이 그다지 좋지는 않습니다. 다른 곳에서 마실 물을 가져오는 사람도 있습니다. 그래서 빗물로 쌀을 씻고, 나온 물은 배수시키지 않고 침전 처리해 농지에 환원시키면 어떨까 하는 계획을 세우게 되었고 떡 공장에 빗물을 이용하기 시작했습니다.

지하에 135㎥의 빗물탱크를 설치해 제1단계로 화장실 물이나 정원에 줄 물로 빗물을 쓰고 있습니다. 앞으로는 본래의 취지인 쌀 씻는 데도 빗물을 사용하여 '아키다 빗물 떡'이라는 이름으로 유명해질지도 모르겠습니다.

건축용도	산업시설
구조	목조 2층
건물면적	435㎡
빗물용도	화장실 물, 식목용수
집수면	지붕 185㎡
저수탱크	지하 135㎥
소재지	아키다 현 오가타무라
준공일	1993년 12월
설계자	테크노플랜 건축사무소

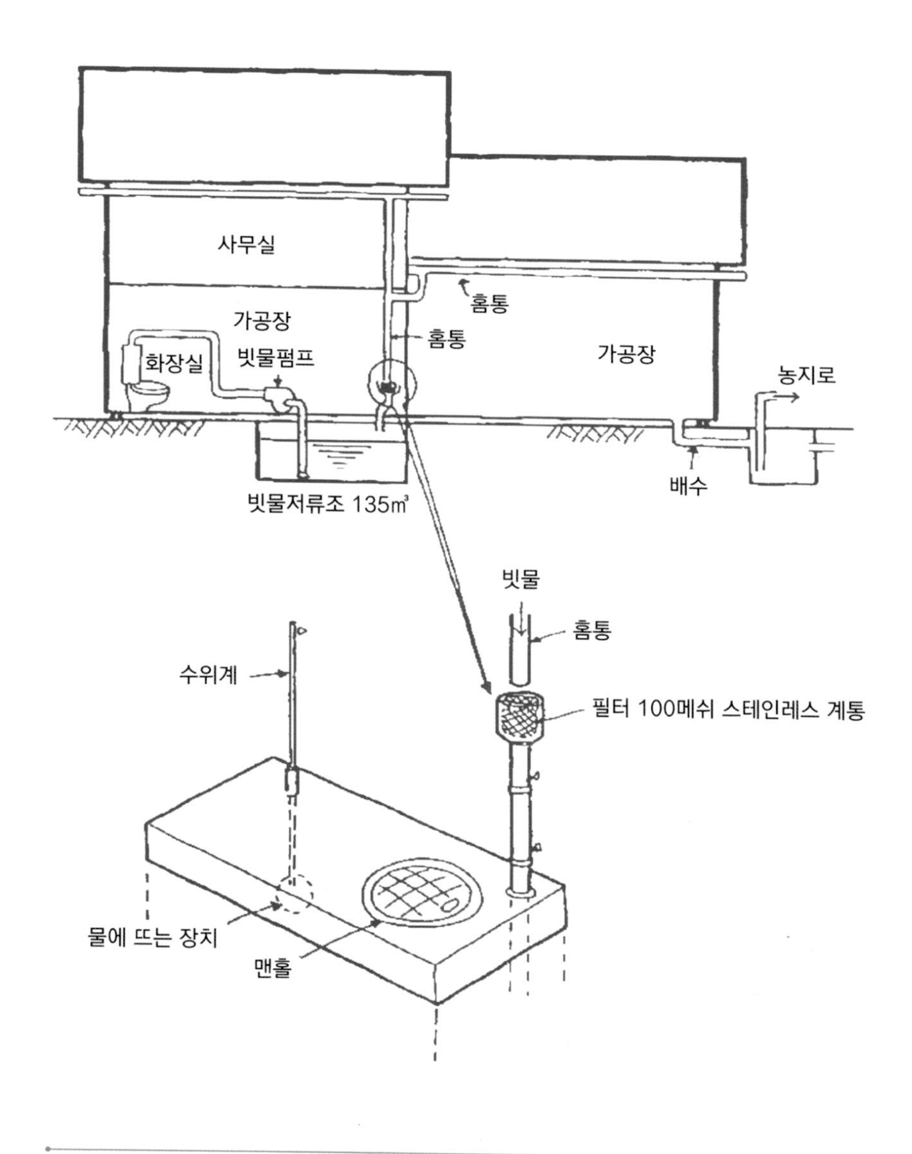
사무실
홈통
가공장
홈통
화장실
빗물펌프
가공장
농지로
빗물저류조 135㎥
배수
빗물
홈통
수위계
필터 100메쉬 스테인레스 계통
물에 뜨는 장치
맨홀

수타 메밀국수 식당

수타 메밀국수 식당은 남부지역 전통주거양식에 따라 설계되었습니다. 지붕에는 동판이 있고 전통양식의 벽으로 지은 이 집은 매우 환경친화적이어서 사이타마 현에서 1993년 11월에 '사이타마 지구 환경상' 장려상도 받았습니다.

콘크리트제 빗물저장탱크를 식당 지하에 묻어 빗물을 모아 화장실 물 등 음용수 이외의 용도로 쓰고 있습니다. 집수면이 동판 지붕이어서 모은 빗물이 약간 청록색을 띠지만 심하지는 않습니다.

화장실에 '세정수로 빗물을 쓰고 있습니다'라고 적혀 있어 손님들의 흥미를 끌고 있습니다. 난방에 땔감나무를 일부 사용하는 것도 독특합니다.

건축용도	음식점
건물면적	250㎡
구조	목조 2층
빗물용도	화장실 물, 정원용수
집수면	지붕 200㎡
저수탱크	지하 80㎥
소재지	사이타마 현 히가시마츠야마시
준공일	1993년 2월
설계자	테크노플랜 건축사무소

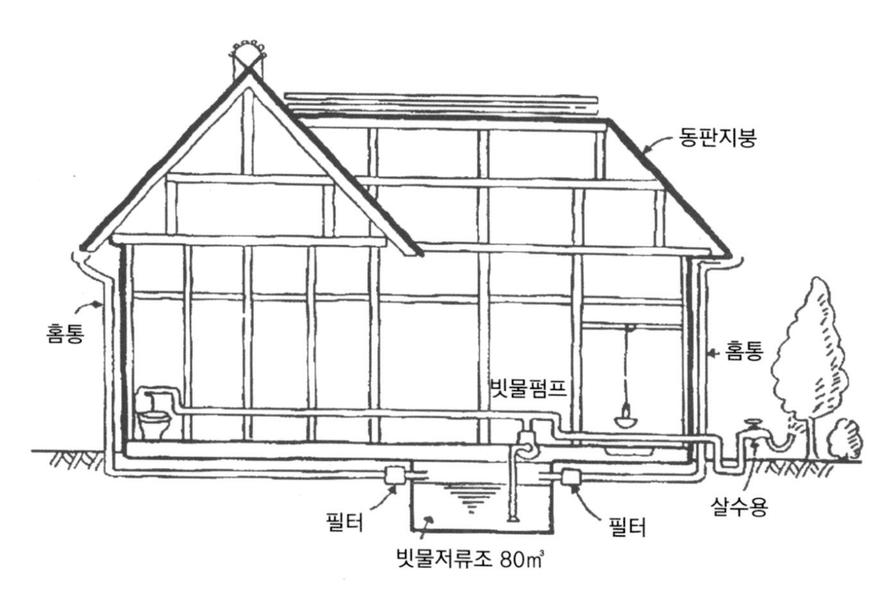
동판지붕
홈통
홈통
빗물펌프
살수용
필터
필터
빗물저류조 80㎥

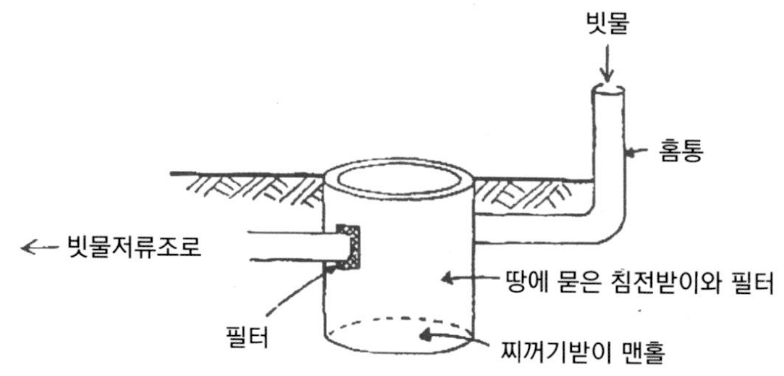
빗물
홈통
빗물저류조로
땅에 묻은 침전받이와 필터
필터
찌꺼기받이 맨홀

빗물을 모아쓰는 사례 7

클리비아 아파트

이 아파트는 클리비아 (Clivia)라는 꽃 이름을 딴 임대아파트입니다. 아파트 소유주가 조경업을 하고 있기 때문에 집마다 발코니에 많은 종류의 화초가 있는 것이 이상하지 않습니다. 그 화초들을 키우기 위해 지하 2층에 설치된 빗물탱크에서 펌프로 빗물을 퍼 올려 자동으로 물을 뿌려주고 있다는 소리를 듣고 놀랐습니다.

저수조 용량은 약 40㎥로 옥상과 일부 부지 안의 콘크리트 타설면(수평면)에서 빗물을 모아 망으로 간이 여과해 저장하고 있습니다. 아파트는 이 빗물을 각 집의 발코니에 있는 화단에 물을 뿌리고, 방화용수로도 이용할 수 있는 설비를 갖추고 있습니다.

건물 앞에는 푸름을 자랑하는 밤나무가 이 아파트의 상징이 되고 있습니다. 밤나무 둘레와 주차장은 모두 투수성 포장으로 되어 있습니다.

이 아파트는 빗물 이용과 녹화를 정교하게 연결시켜 편안한 주거환경을 만들고 있는 좋은 예입니다. 1991년에 제1회 '꽃 거리 만들기 대회' 기획 부문에서 건설성 도시국장상을 받았습니다. 빗물을 각 발코니에 자동 공급하는 장치도 순조롭게 작동하고 있습니다.

건축용도	임대아파트
건물면적	1,386㎡(총 주택 수 39호)
구조	철근 콘크리트조 지상 5층, 지하 1층
빗물용도	살수, 방화용수
집수면	지붕 800㎡
저수탱크	지하 40㎥
소재지	도쿄 스기나미 구
준공일	1990년 4월
설계자	오이카와 1급 건축사 사무소

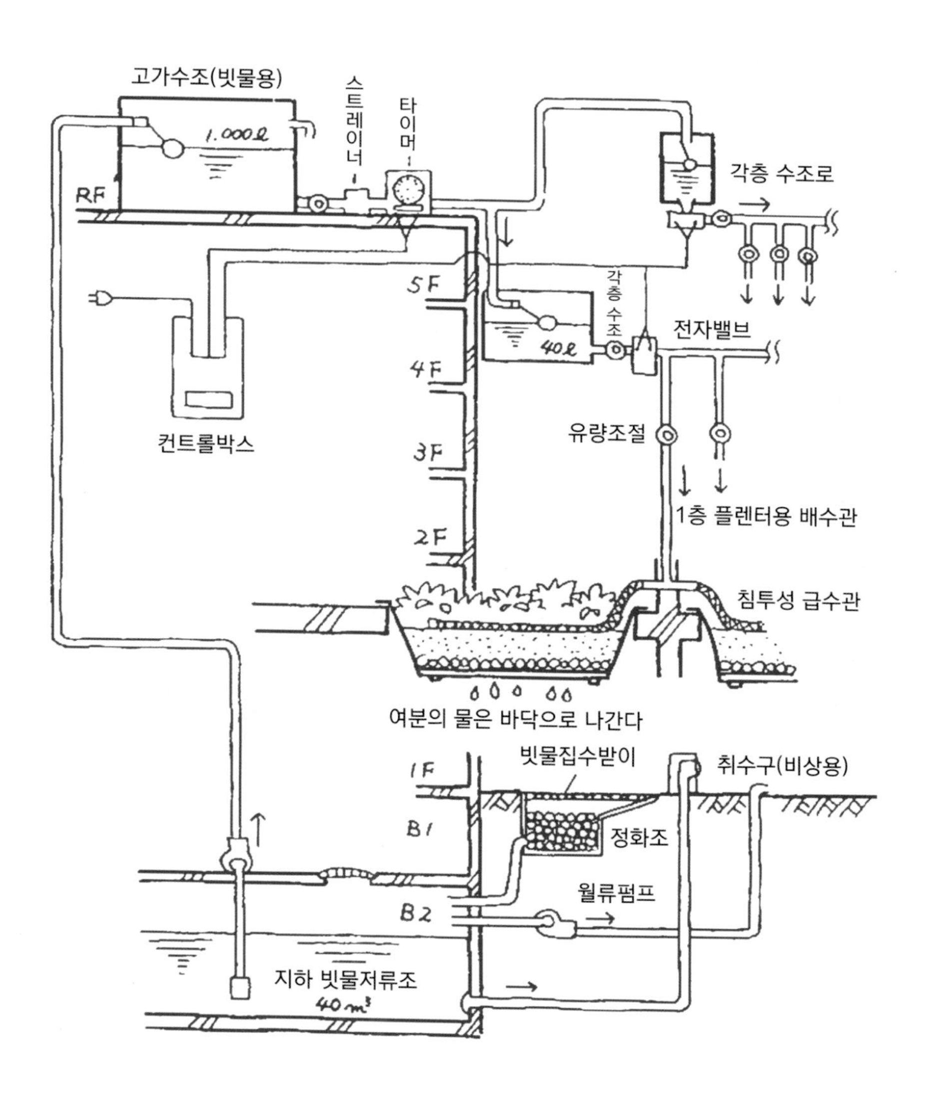
고가수조(빗물용)
1,000ℓ
RF
스트레이너
타이머
각층 수조로
5F
4F
3F
2F
1F
B1
B2
40ℓ
각층 수조
전자밸브
컨트롤박스
유량조절
1층 플렌터용 배수관
침투성 급수관
여분의 물은 바닥으로 나간다
빗물집수받이
취수구(비상용)
정화조
월류펌프
지하 빗물저류조
40㎥

코가네이(Koganei) 구의 환경공생 아파트

이 집은 입체녹화, 건물 냉각, 빗물 이용, 태양전지, 쓰레기 감량 등 환경공생형 건축의 주 요건을 망라한 3층 분양아파트입니다.

옥상에는 흙을 쌓아 야채밭을 만들고, 담쟁이 넝쿨을 심었습니다. 옥상의 흙은 태양광으로 옥상 콘크리트 바닥이 뜨거워지는 것을 막고, 덩굴시렁 아래로 드리워진 넝쿨식물은 맨 위층의 열 부하를 억제해 줍니다. 또 비가 내릴때에는 빗물을 흡수, 한꺼번에 지붕에서 흘러내리지 않게 합니다.

벽과 발코니에는 꽃들이 가득 피어 보기에도 즐겁습니다. 꽃에 주는 물도 빗물을 쓰고 있습니다. 옥상에서 모은 빗물은 지하에 설치된 빗물탱크에 모여 태양전지용 펌프로 옥상의 빗물탱크로 양수되어 급수됩니다. 모아놓은 빗물 일부는 정원의 연못에 흘러가고, 풍차가 이 연못물을 돌려 수질을 보호하고 눈도 즐겁게 해줍니다. 소재지인 코가네이 구가 빗물의 지하 침투를 장려하고 있어 이 건물에서도 빗물탱크에서 넘친 빗물은 침투관이나 투수성 포장면을 통해 지하로 스며들게 하고 있습니다.

옥상에 퇴비 기계가 설치되어 있고, 바깥공기를 흙의 파이프를 통하여 실내로 들어오게 하여 환기시키는 방법도 일부 설치되어 있습니다.

건축용도	분양아파트	구조	철근콘크리트3층
건물면적	2,960㎡	빗물용도	식목용수(옥상 정원, 입체 화단용), 친수(여울, 연못)
집수면	지붕 600㎡	저수탱크	지하 80㎥
소재지	도쿄 코가네이 구	준공일	1994년 12월
설계자	설계 계획 수계 디자인실 + 테크노플랜 건축사무소		

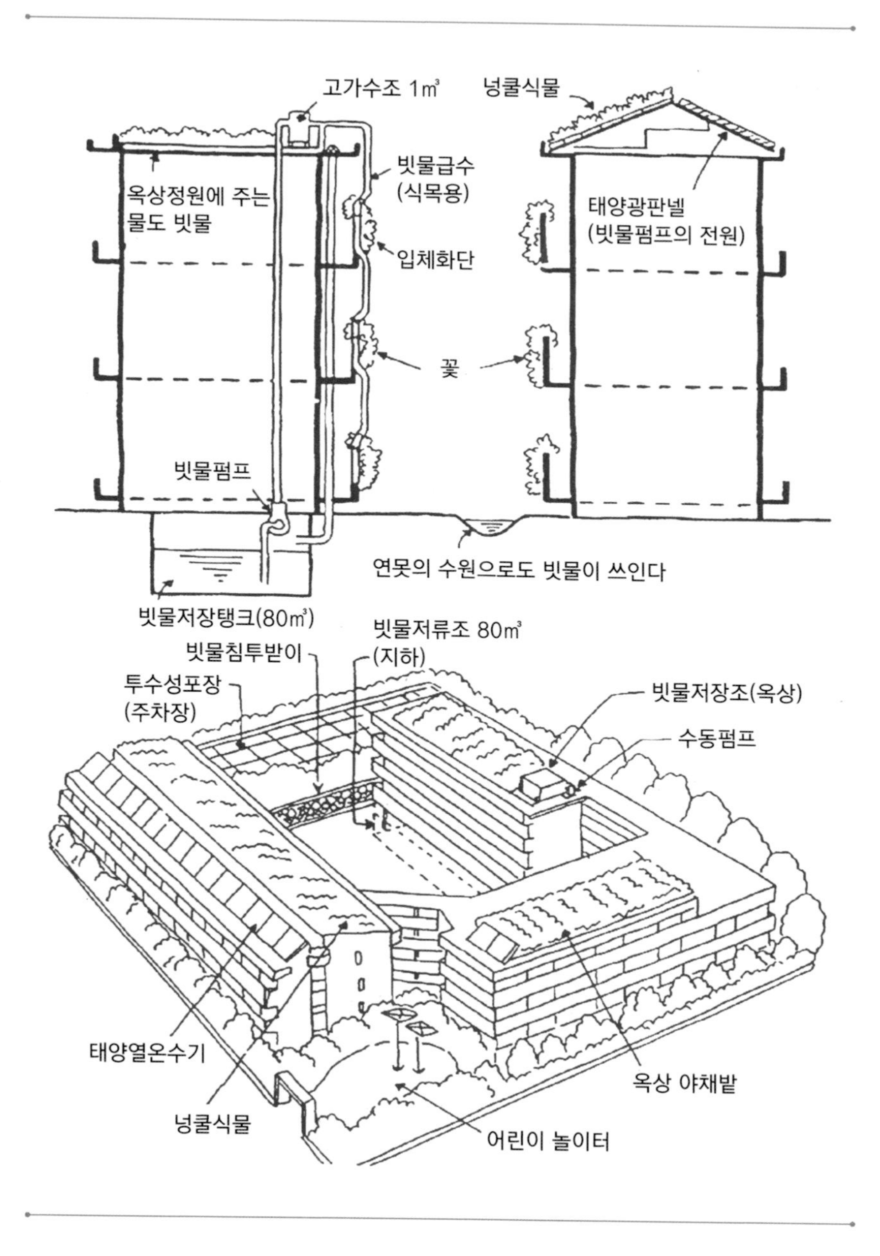

고가수조 1㎥
넝쿨식물
옥상정원에 주는 물도 빗물
빗물급수 (식목용)
입체화단
태양광판넬 (빗물펌프의 전원)
꽃
빗물펌프
연못의 수원으로도 빗물이 쓰인다
빗물저장탱크(80㎥)
빗물저류조 80㎥ (지하)
빗물침투받이
투수성포장 (주차장)
빗물저장조(옥상)
수동펌프
태양열온수기
넝쿨식물
옥상 야채밭
어린이 놀이터

빗물을 모아쓰는 사례 9

㈜토판인쇄 본사 GC빌딩

이 회사는 별관을 새로 지으면서 빗물이용 시스템을 설계에 포함시켰습니다. 소유주인 ㈜토판인쇄가 빗물을 이용해 지역 물순환에 기여하는 것은 1992년에 발표한 '토판인쇄 지구환경선언' 취지에도 딱 맞는 것입니다. 스미다 구의 요청으로 계획 중에 있는 별관도 신축 계획을 급히 변경해 약 1,500만 엔의 비용을 추가해 본격적인 빗물이용 시스템을 도입했습니다.

센서를 이용해 지저분한 초기 빗물을 자동적으로 흘려보내는 시스템이 장착되어 있는데, 이것은 이 건물의 빗물이용 시스템 가운데 가장 독특한 점입니다. 기존의 스튜디오 건물과 새로 지은 별관 옥상에서 빗물을 모아 지하에 묻어둔 빗물저장탱크에 저장하여, 옥상의 빗물용 탱크를 지나 각 층의 수세식 화장실 물로 쓰고 있습니다. 빗물이 빗물탱크에 가득 차게 되면, 자동으로 집수관 계기가 닫혀 탱크로 들어오지 않고, 또한 수량이 충분치 않게 되면 자동으로 상수가 보충되게 되어 있습니다.

건축용도	사무실 빌딩
건물면적	13,270㎡
구조	철근 콘크리트 지상 8층 지하 1층
빗물용도	화장실 물
집수면	지붕 2,667㎡
저수탱크	지하 356㎥
소재지	도쿄 스미다 구
준공일	1994년 12월
설계자	㈜가지마건설

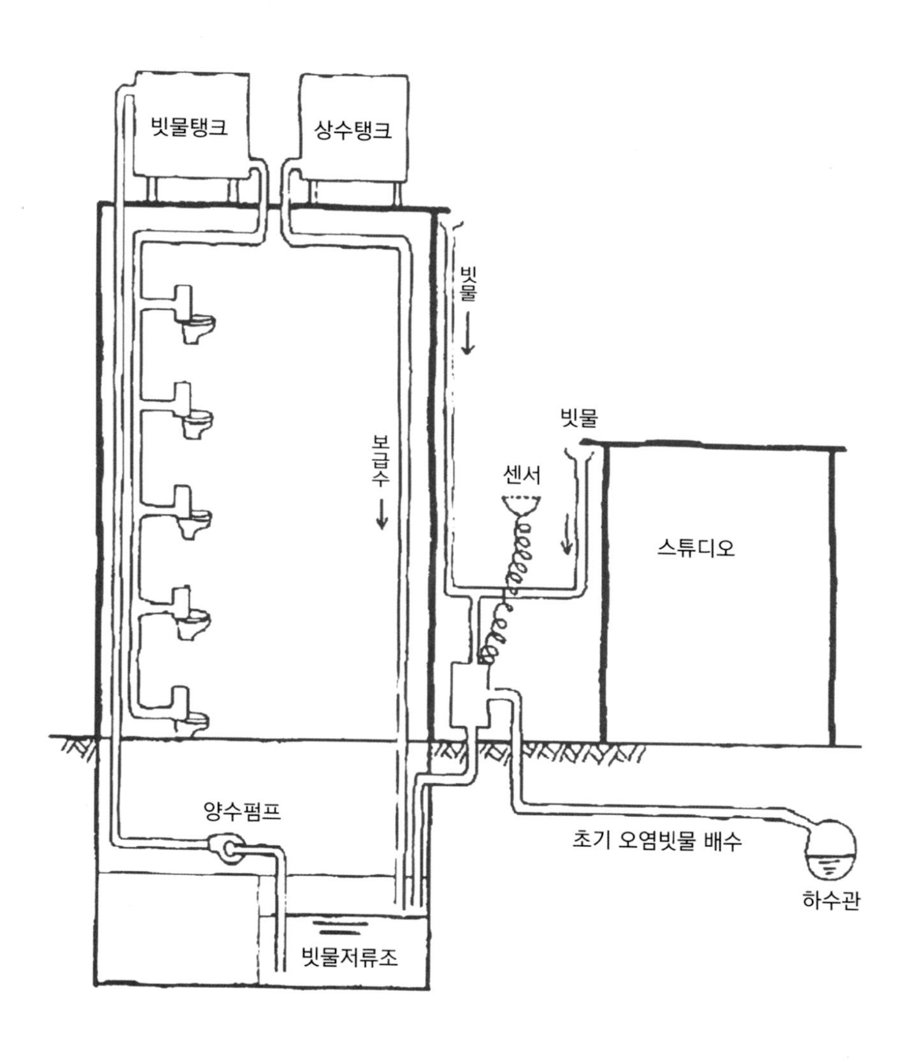
빗물탱크
상수탱크
빗물
보급수
빗물
센서
스튜디오
양수펌프
초기 오염빗물 배수
하수관
빗물저류조

환경 친화 공중화장실

최근 공중화장실은 밝고 청결하게 새단장을 하는 경우가 늘어나고 있습니다. 환경 친화를 배려해 만든 화장실을 많이 볼 수 있습니다. 도쿄 아다치 구 히라노 벚꽃공원에 선보인 공중화장실이 그 예입니다. 건물 지붕에 흙을 쌓아 나무를 심고, 연못(수심차 170mm)을 만들어 빗물을 모으고 있습니다. 비가 내리면 연못 물이 넘쳐 연못 둘레의 땅에 스며들면서 바로 배출됩니다. 연못 물이 마르면 수돗물이 보급됩니다. 공중화장실 이미지를 개선하기 위해 실험적으로 세워진 새로운 모델입니다.

건축계획을 담당하는 아다치구 공원과 우치야마 마사요 씨는 설계 의도를 다음과 같이 설명하고 있습니다. "빗물을 모아 연못을 만들고 작은 생태계를 만들어 새들의 안식처로 만들려 했습니다. 새나 잠자리가 날아오기를 바랐기 때문입니다. 가까운 지역사회센터에 자연관찰 교실이 있는데 그곳 창에서 보면 이 공중화장실의 지붕에 새들이 모여 있는 것이 보입니다. 다음엔 잠자리가 알을 낳고 그것이 부화하기를 기대하고 있는데 결과가 궁금합니다. 나중에는 벽을 둘러싸고 있는 나무가 자라 꽃이 피고, 그 향이 화장실 냄새를 없애고 지나가는 사람들의 눈을 즐겁게 하겠죠."

건축용도	도시공원시설
건물면적	10㎡
구조	철근 콘크리트조
빗물용도	새의 안식처, 식목용수
집수면	지붕 10㎡
저수탱크	지붕 1.7㎥
소재지	도쿄 아타치 구
준공일	1993년 12월
설계자	아다치구 공원과

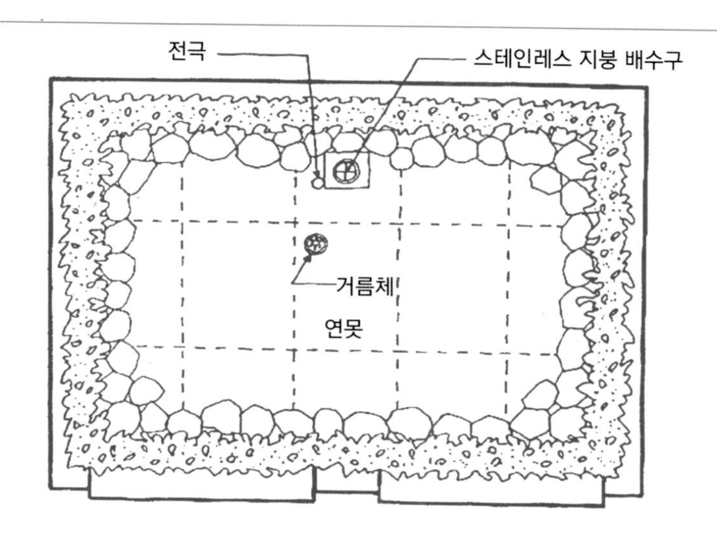
전극
스테인레스 지붕 배수구
거름체
연못

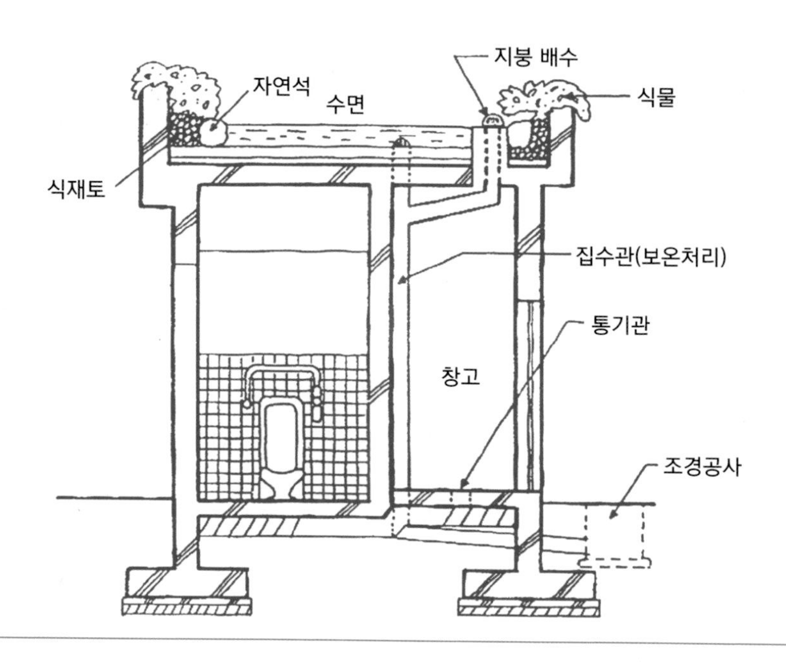
지붕 배수
자연석
수면
식물
식재토
집수관(보온처리)
통기관
창고
조경공사

빗물을 모아쓰는 사례 11

빗물을 이용하여 살아나는 주유소

비가 내리면 세차용 빗물탱크가 꽉 차게 되고 넘치는 빗물은 폭포나 풍차를 돌려 물의 흐름을 만들고, 화초나 땅으로 스며 들어가 지구가 숨을 쉽니다.

1. 경제적 세차 : 하루 30대 세차를 하는데 쓰는 물은 한 달에 100㎥ 이상입니다. 수도관 구경이 75mm라면 8만엔, 100mm인 경우 13만 엔의 수도요금을 달마다 내야 합니다. 빗물만으로 세차를 한다면 빗물 이용 시설 유지비(월 2만엔)는 하수도 요금만으로도 가능합니다. 빗물은 태양열 시스템으로 온수로 공급할 수 있고, 수돗물과 달리 화학물질이 들어 있지 않습니다.

2. 마음을 시원하게 해주는 거리 : 촉촉한 돌이나 물의 흐름은 세차, 급유, 충전을 기다리는 사람들의 기분을 전환시켜 줍니다. 물레방아가 내는 소리, 절구 진동음이 마음에 전달되어 고향을 연상할 수 있습니다.

3. 지하수 재충전 : 지붕의 일부와 땅은 흙과 화초로 가득합니다. 비가 화초를 살리고 바로 흙으로 스며듭니다. 스며들어 정화된 빗물은 정원용수로도 사용됩니다. 빗물을 강물에 그냥 흘려보내지 않고 땅에 잠시 머물게 하는 것은 도시의 홍수 방지에 기여합니다. 땅 깊숙이 스며든 비는 우리들의 다음 세대에 아름답게 다시 지상을 밝혀 주겠지요? 이것 역시 큰 즐거움입니다.

건축용도	급유 취급소, 주유소		
면적	부지면적 1,800㎡, 건물면적 250㎡, 녹지면적 350㎡		
구조	철골조		
빗물용도	세차, 물레방아 전동용, 화장실 물, 청소용, 식목용수		
집수면	차양형 지붕 380㎡	저수탱크	지하 100㎥
소재지	도쿄	준공일	계획 중(지역 재해 방지에도 기여)
설계자	도쿄 이과대 공학부 건축과학 스즈키 노부히로 연구실		

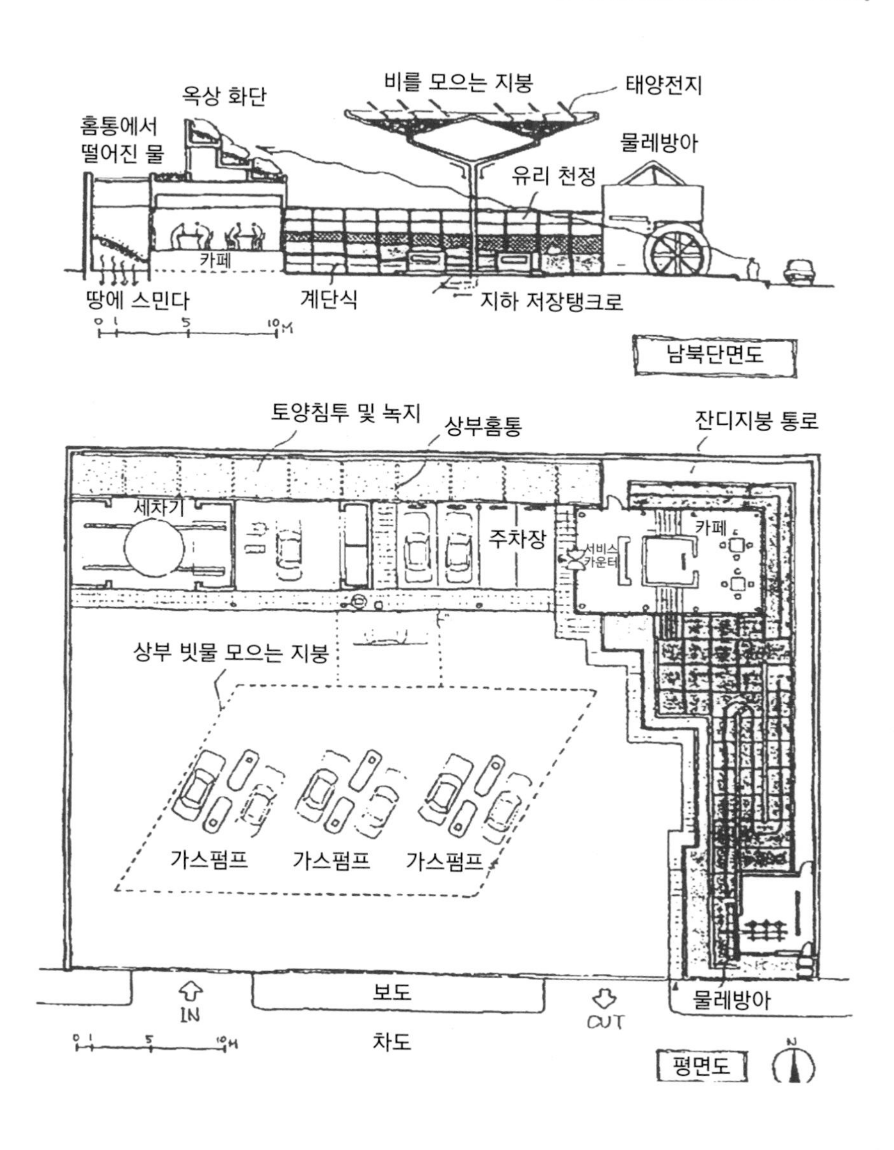
옥상 화단
비를 모으는 지붕
태양전지
홈통에서
떨어진 물
물레방아
유리 천정
카페
땅에 스민다
계단식
지하 저장탱크로
남북단면도
토양침투 및 녹지
상부홈통
잔디지붕 통로
세차기
주차장
서비스
카운터
카페
상부 빗물 모으는 지붕
가스펌프
가스펌프
가스펌프
보도
IN
OUT
물레방아
차도
평면도

“

하늘이 주신 고마운 선물인 빗물을
잘 이용하여 자연을 배려하고,
다른 사람을 배려하고, 다음 세대에도 생각하는
마음을 가졌으면 하는 바람입니다.

”

5 장

빗물을 모아쓰는 사례
(대한민국)

1. 하늘물 이니셔티브

우리나라에서 학식이 많거나, 높은 위치에 있는 분들은 대부분 빗물에 대한 부정적인 인식을 가지고 있습니다. 초등학생도 과학적으로 쉽게 증명할 수 있는 상식인데도, 어른들의 이미 만들어진 인식을 바꾸기는 매우 어렵습니다.

그래서 작전을 바꾸었습니다. 빗물의 새로운 브랜드를 만들어 그것을 하늘물로 부르자. 하늘물에 대한 인식을 바꾸면서 물 관리의 패러다임을 바꾸는 사회적인 문화운동을 하자. 그러기 위해서 어린 학생들과 일반인을 교육시키자 입니다. 그리고 학계, 활동가, 시민, 기업, 예술가 등 여러 분야의 관련된 분들이 모여 함께 나가자 입니다.

2019년 10월 탐나라 공화국의 강우현 대표, 도시농업계의 리더이신 이은수 대표, 그리고 서울대학교 한무영 교수가 모여 빗물의 새로운 브랜드 네이밍을 하고, 하늘물 선포식을 가졌습니다. 상상하는 예술가, 현지에서의 실천가, 그리고 이론적 배경을 만드는 학자가 의기투합하여 하늘물을 문화로 만들자는 물관리의 새로운 패러다임을 만들었습니다.

이와 같이 하늘물을 잘 활용하자는 사회적 운동은 전 세계에서 우리나라가 처음입니다. 이러한 내용이 전 세계에 전파되기를 희망합니다. 2020년부터 대한민국의 하늘물 이니셔티브를 선포합니다. 그 배경에는 약 600여년 전에 측우기를 만들어 빗물관리를 처음으로 시작하신 세종대왕님의 자손이라는 자부심이 자리 잡고 있으니, 전 세계 어디가도 기죽진 않겠지요?

여러분들도 기후위기로 쩔쩔매는 전 세계 사람들을 살릴 수 있는 하늘물 운동에 참여해보시지 않겠어요?

하늘물

2019. 10. 13
빗물은 관리로
하늘물은 문화로
2019 빗물관리 문화브랜드 선언
하늘물
서울대학교 빗물연구센터 / 노원도시농업네트워크 / 제주탐나라상상그룹

2. 하늘물 꽃차, 하늘물 맥주

하늘물의 효과는 꽃차를 만드는 전문가들로부터 찬사를 들었습니다. 서울대학교 39동 옥상 꽃밭에서 꽃을 기르고, 그것을 말려 꽃차를 만들었는데요, 노란색, 빨간색, 푸른색의 우리나라 전통차가 만들어집니다. 여러 가지 물로 꽃차를 만들고, 그 색깔을 보았는데 빗물로 만든 꽃차의 색깔이 가장 선명하고 아름답다는 것을 아시고, 스스로 하늘물 홍보대사가 되었습니다.

그래서 2019년 9월 태평양의 섬나라 고위 관료들이 모인 패시픽 포럼의 사이드이벤트에 초대하였습니다. 예쁜 한복을 입으시고 하늘물 꽃차를 만들어 대접하니 남태평양의 고위관료들이 꽃차의 색깔과 맛에 반하였습니다. 이분들이 하늘물의 가치를 새롭게 알아채고, 빗물식수화에 대해 관심을 가지게 되면서 자기나라에도 빗물식수화 시설을 설치해달라고 요청합니다.

그리고 하늘물을 홍보하기 위하여 하늘물로 맥주를 만들었습니다. 서울대학교 38동에 있는 빗물저장조에서 모은 물을 약간의 처리를 한 후, 이은수 도시농업대표가 노원구 천수텃밭에서 직접 기른 호프를 이용하여 맥주를 만들었습니다. 아주 맛이 좋습니다. 다른 청년사업가들도 서울대학교에서 빗물을 이용한 맥주를 만들어서 동호회 파티에 썼다고 합니다. 좋은 원료에서 좋은 제품이 나오는 것은 당연합니다. 맥주를 만드는 원료인 물을 어떤 것으로 쓰면 좋을까요? 어떤 물이 가장 좋을까요? 그야 물론 땅에 떨어지기 전의 빗물이지요. 다른 것이 묻어있지 않은 가장 마일리지가 작은 물이니까요. 아마도 하늘물 맥주는 세상 어디를 가도 큰 소리를 칠 수 있을 것입니다.

하늘물맥주
하늘물맥주

3. 모두가 행복한 스타시티 빗물이용시설

기존 야구장 부지에 2003년 더 샵 스타시티라는 주상복합을 짓게 되었습니다. 상습 침수구역이었던 이 장소의 문제를 해결하기 위하여 빗물이 또 제 역할을 하게 되었습니다.

스타시티 빗물시설은 다목적, 적극적 그리고 상생적(win-win) 빗물이용이 가능하도록 만들어졌습니다. 먼저, 스타시티에는 각 1000ton 용량인 3개의 빗물저장조가 있습니다. 홍수 방지, 물 저장 및 사용, 소방 용수의 각각의 목적을 가지고 있습니다. 그리고 적극적인 빗물 관리를 위하여 저장조의 수위 및 수량을 원격 모니터링 하고 있습니다. 또한 빗물이용시설 설치로 개발자들과 감독기관에 인센티브가 주어졌습니다. 물관리 시설을 설치하는데 있어서 갈등이 있는 경우가 많은데, 스타시티는 손해나 피해가 없어 행복합니다.

이 성공적인 사례를 바탕으로 서울시에서는 빗물이용시설을 설치하면 인센티브를 제공하는 조례가 만들어졌습니다. 이를 시작으로 하여 전국의 지자체 중 90곳 이상에서 빗물 관련 조례가 만들어졌습니다. 스타시티 빗물이용시설은 이렇듯 좋은 선례가 되어주었습니다. 버려지는 빗물을 이용하여, 조경을 가꾸고, 돈도 절약이 된다니 일석이조 아닐까요?

건축용도	주거시설, 편의시설
건물면적	16,867,729㎡
빗물용도	조경용수, 소방용수
저수용량	1,000㎥ x 3개
소재지	서울시 광진구 자양동
준공일	2007년 10월
설계자	서울대학교 빗물연구센터

[동영상-MBN]

[뉴스-중앙일보]

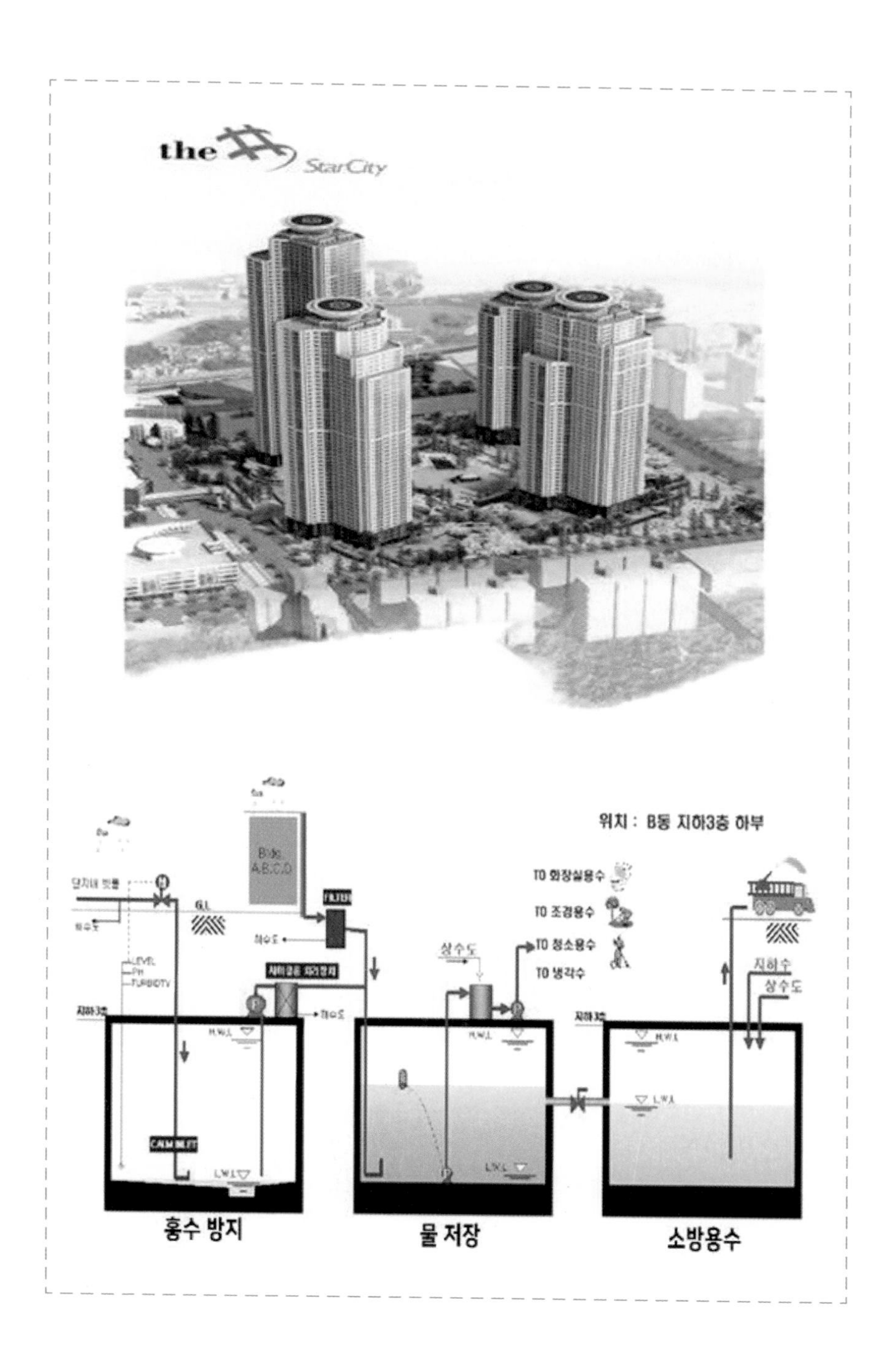
the StarCity
위치 : B동 지하3층 하부
TO 화장실용수
TO 조경용수
TO 청소용수
TO 냉각수
상수도
지하수
상수도
홍수 방지
물 저장
소방용수

4. 모두가 행복한 서울대학교 35동 오목형 옥상녹화

서울대학교 35동 옥상은 여타 옥상처럼 버려지고 출입이 꺼려지는 공간이었습니다. 하지만 2013년 오목형 옥상 빗물 텃밭을 개장하였고, 현재 이곳은 많은 사람들에게 사랑받고, 생기 넘치는 공간이 되었습니다.

빗물이 모인다는 의미로 오목형 녹화라고 이름 지은 35동 옥상텃밭은 토양층의 물 저류성을 최대로 높여주었습니다. 한 집수면에서 모인 빗물은 옥상 빗물 연못을 채워 옥상 위 작은 수생태계를 형성하기도 합니다. 이 옥상녹화로 서울대학교 35동은 W-E-F-C NEXUS가 특징입니다. 먼저, 'W:Water'는 홍수를 방지하고 수자원을 확보해 줍니다. 'E:Energy'는 옥상 녹화가 냉방에 소요되는 에너지 절감을 해줍니다. 'F: Food'는 옥상 텃밭에서 유기농 채소를 재배해서 감자 수확 및 김장 등을 통해 나눠먹고 기부를 하기도 합니다. 'C:Communication'은 대학교와 지역사회의 구성원들이 모여 소통을 하고 다양한 행사들을 통해 즐거운 시간을 보냅니다.

건축용도	교육연구시설
건물면적	2,000㎡
빗물용도	경작용수, 옥상연못
녹화면적	840㎡
소재지	서울시 관악구 서울대학교
준공일	2013년
설계자	서울대학교 빗물연구센터

[동영상1-유튜브]

[동영상2-서울대 공대]

[뉴스1-중앙일보]

[뉴스2-한국건설신문]

5. 서울대학교 39동 빗물-저농도 오수 하이브리드 시스템

서울대학교 39동 지하에는 빗물-저농도 오수를 이용한 하이브리드 시설이 설치되어 있습니다. 하이브리드 시설은 두 기술이 합쳐진 형태로 옥상에서 받아진 빗물과 건물 지하 1층의 체력 단련실 내에 있는 샤워시설에서 나오는 저농도 오수를 처리한 물을 합하여 화장실 변기용수로 사용하고 있습니다.

빗물을 모으는 원리는 간단합니다. 건물 지붕에 비가 내리면 빗물은 홈통을 타고 내려가게 되는데, 하수관으로 연결이 되던 기존의 홈통을 지하의 빗물저장탱크로 연결시킨 것이 전부입니다. 빗물은 수질은 양호하지만 안정적인 수량을 확보할 수 없는 단점이 있으며, 저농도 오수는 수질은 좋지 않지만 안정적인 수량을 공급한다는 장점이 있습니다. 이 두 가지 물의 장점은 살리고 단점은 보완하여 지속가능한 물의 이용을 극대화시켰습니다.

이 39동 건물은 연간 5천톤 가까이 상수에 의지하고 있던 부분의 67%를 하이브리드 시스템을 통해 자급함으로써 단수 문제 해결의 실마리를 제시하였습니다.

건축용도	교육연구시설
건물면적	3,652㎡
빗물용도	화장실용수
저수탱크	250㎥
소재지	서울시 관악구 서울대학교
준공일	2005년 10월
설계자	서울대학교 빗물연구센터

[뉴스1-서울신문]

[뉴스2-서울대 공대]

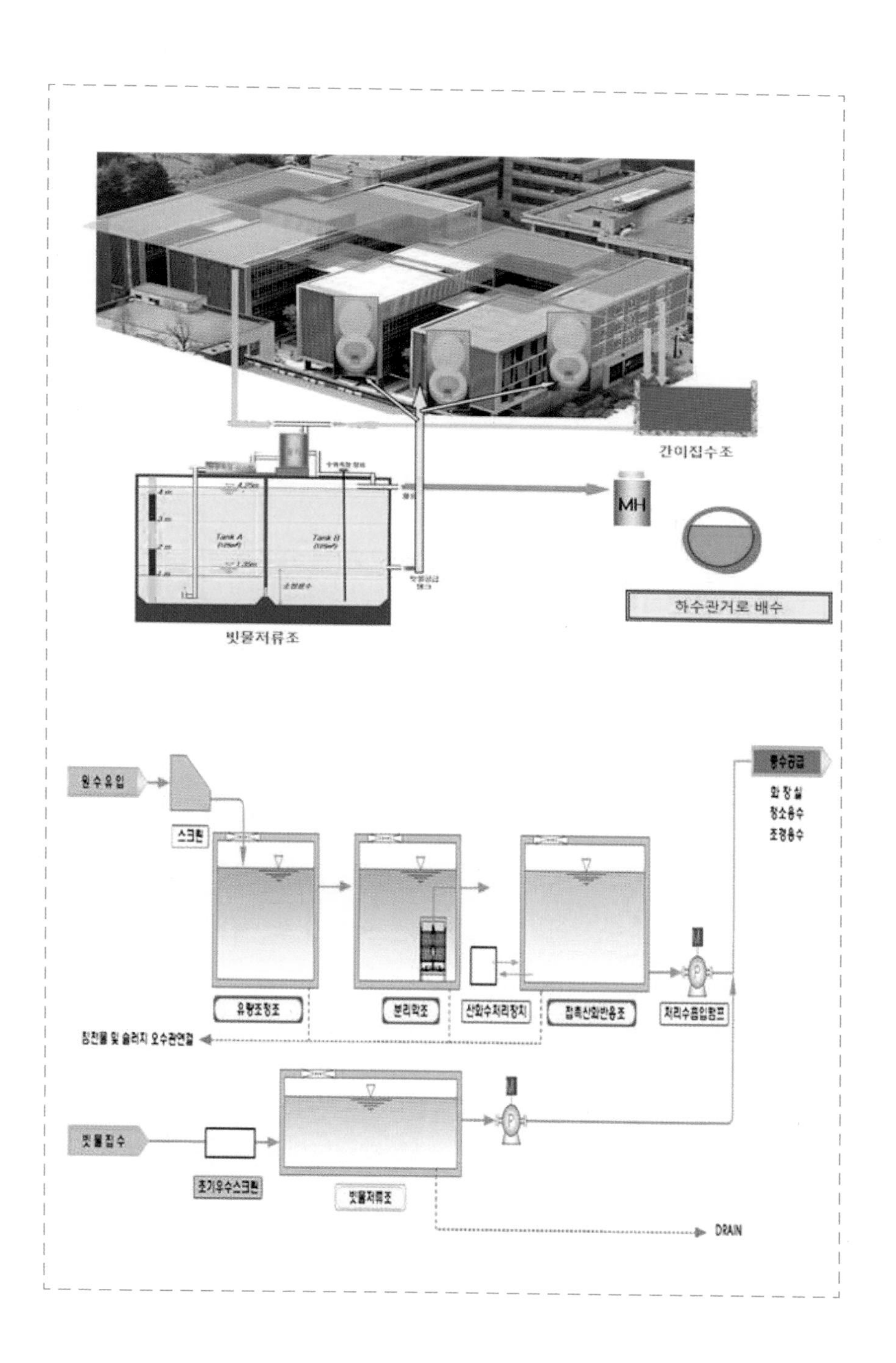
간이집수조
MH
하수관거로 배수
빗물저류조
원수유입
스크린
유량조정조
분리막조
산화수처리장치
접촉산화반응조
처리수송입펌프
용수공급
화장실
청소용수
조경용수
침전물 및 슬러지 오수관연결
빗물집수
초기우수스크린
빗물저류조
DRAIN

6. 하늘 물을 널리 알린 서울대학교 하늘물 전시회

2019년 12월, 서울대학교 관정도서관에서는 특별한 전시회가 열렸습니다. 전 세계인의 물 문제 해결을 위해 노력해온 서울대학교 빗물연구센터의 발자취와 비전이 담긴 '하늘물' 전시회를 많은 사람들이 축하하고 관람했습니다. 빗물에 대한 오해와 부정적인 인식을 타파하기 위해 탄생한 "하늘물"은 하늘에서 준 선물인 빗물을 현명하게 사용하여 지구의 물 문제를 해결하는데 쓰이고 있습니다.

다양하게 이용되고 있는 하늘물 사례들은 전시회를 통해 소개되어 많은 사람들에게 하늘물의 소중함을 알리는 계기가 되었습니다. 하늘물을 모아서 이용하면 생활용수를 절약하고, 열섬 현상을 해소하며 미세먼지를 저감시켜 환경 문제를 해결할 수 있는 방법이 소개되었습니다. 그리고 하늘물을 이용하여 교수, 학생뿐만 아니라 지역주민까지 함께 즐기는 공동체의 장이된 서울대학교 옥상 텃밭도 전시되었습니다. 또한 간단하게 처리하고 나면 훌륭한 식수가 될 수 있는 하늘물을 보급한 여러 사례들이 소개되었습니다. 현재까지 하늘물을 식수로 보급하여 남태평양, 아프리카, 동남아시아 등의 국가의 물 문제 해결의 가능성을 여실히 보여준 사례들은 많은 관람객들에게 귀감이 되었습니다.

하늘물 전시회는 많은 사람들에게 빗물 이용과 오해 타파를 위한 효과 높은 교육의 장이 되었고, 서울대학교 학생뿐만 아니라 일반인, 물 전문가 등 다양한 방문객들의 관심 속에 새로운 하늘물 문화를 만들어내고 있습니다. 하늘물 전시회를 통해 전 세계의 지속가능한 목표 SDG6 (물 및 위생) 문제 해결을 선도하는 빗물연구센터의 노력과 포부를 많은 사람들이 함께 다짐하고 약속하는 자리가 되었습니다.

[동영상-유튜브]

[뉴스-베리타스알파]

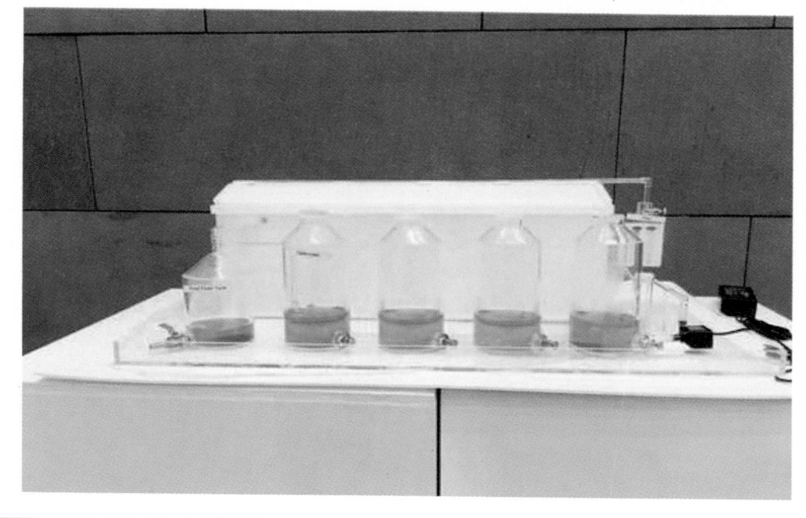

7. 깨끗한 물이 필요한 솔로몬 제도 Rove 보건소의 빗물 식수화 시설

남태평양의 섬나라인 솔로몬제도는 극심한 식수문제를 겪고 있는 국가입니다. 연평균 3,000~3,500 mm의 많은 강수량을 자랑하는 이 나라에서 빗물을 이용한 식수 보급은 꼭 필요하고 가장 알맞은 기술입니다.

2019년 8월 솔로몬제도의 수도 호니아라에 위치한 Rove 보건소에 빗물 식수화 시설이 설치되었습니다. 현지 자재를 이용하여 경제성을 높였고, 다중 장벽(multiple barrier) 개념을 이용하여 만들고 자연의 힘을 이용한 처리 방법으로 수질, 경제성, 수량을 모두 만족하는 시설을 설치하였습니다. 3톤 용량 탱크 3개로 구성된 이 빗물 식수화 시설은 보건소의 방문객, 상주 직원 등 많은 사람들에게 맛있고 안전한 빗물을 공급하고 있습니다.

세계 최고의 빗물 식수화 시설을 다시 솔로몬제도에 설치해 식수 문제를 지속적으로 해결할 수 있게 되었습니다. 앞으로 솔로몬제도가 아름다운 자연환경과 함께 빗물로 축복받은 나라로 알려지기를 기대합니다.

건축용도	보건소
빗물용도	식수
저수탱크	3㎥ x 3개
소재지	솔로몬제도 호니아라
준공일	2019년 08월
설계자	서울대학교 빗물연구센터

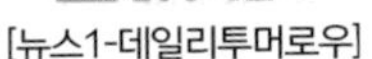
[뉴스1-데일리투머로우]

[뉴스2-한국대학신문]

Rainwater For Drinking
(RFD) System

CERTIFIED TO
NEW ZEALAND
Rainwater For Drinking
(RFD) System
at Rove Health Clinic in Honiara
Solomon Islands
Date: August 15
Organizations
Solomon Islands

8. 세종대왕의 지혜를 전파한 바누아투 하버사이드 평화공원의 측우기

측우기는 홍수와 가뭄이 반복되고, 국토의 70%가 산지로 뒤덮여 있어 물 관리가 어려운 우리나라의 전통 물 관리법입니다.

2019년 8월, 남태평양의 섬나라 바누아투의 수도 호니아라의 하버사이드 평화공원에는 우리나라의 발명품인 측우기가 설치되었습니다. 측우기 제막식에서는 주승용 국회 부의장, 국회의원, K-water 부사장, 서밋 237 관계자 등 한국의 귀빈들과 현지 관계자 등 많은 분들이 참석하여 우리나라의 전통 과학 기술과 철학을 통한 물 문제 해결의 도약을 축하하고 바누아투 주민들은 답례로 멋진 퍼레이드를 선사하였습니다.

우리나라 선조들의 지혜로운 물 관리는 측우기를 통해 알 수 있으며 우리나라 고유의 전통과 기술을 통한 빗물 관리로 세계의 물 문제를 해결하는데 앞장설 수 있습니다. 남태평양이 직면하고 있는 식수 문제를 우리나라의 기술로 해결하고 이를 전파하고자 하는 많은 전문가들의 도움으로 빗물 식수화 시설이 공원, 유치원 등 곳곳에 설치되고 있습니다. 모두를 행복하게 하는 우리나라 선조들의 홍익인간(弘益人間) 정신이 깃든 빗물 기술로 바누아투에 웃음꽃이 피었습니다.

건축용도	공원
빗물용도	식수
저수탱크	5㎥ x 2개
소재지	바누아투 포트빌라
준공일	2019년 08월
설계자	서울대학교 빗물연구센터

[동영상-유튜브]

[뉴스-대학신문]

측우기

9. 자라나는 아이들을 위한 바누아투 혜륜 유치원의 빗물 식수화 시설

매 년 3월 22일은 유엔 총회에서 선포한 세계 물의 날입니다. 국제기구뿐만 아니라 각 나라와 비정부기구 등 민간 부분의 참여와 협력을 증진시키고자 하는 이 날에 바누아투 포트빌라에 위치한 혜륜 유치원에 빗물 식수화 시설이 설치되었습니다.

바누아투 수도 포트빌라에 위치한 국립 혜륜 유치원은 한국의 고계석(51)씨가 경주 마우나 리조트 붕괴 사고에서 잃은 딸 혜륜 양을 기리기 위해 지은 유치원입니다. 바누아투 아이들의 천진난만한 웃음이 가득한 혜륜 유치원에 빗물 식수화 시설을 설치함으로써 선생님과 유치원생 150여 명이 깨끗한 물을 마실 수 있게 되었습니다.

준공식에는 오베드모세스탈리드 바누아투 대통령, WHO 페시아 탈레오 바누아투 국장 등 고위 바누아투 인사들과 서울대학교 빗물연구센터 연구진, 서밋 237 관계자들이 참석하여 기쁜 날을 축하했습니다. 이 행사에서 오베드모세탈리스 대통령은 "바누아투 어린이들에게 건강한 식수를 제공하기 위해 수고한 서울대 빗물연구센터와 서밋237에게 깊은 감사를 전한다."며 "유치원에서 어린이들이 맑은 물을 마심으로써 질병을 예방하고 즐겁게 공부하고 놀면서 미래의 바누아투를 만들어가는 인재로 성장할 것을 기대한다."고 말했습니다.

건축용도	유치원
빗물용도	식수
저수탱크	5㎥ x 4개
소재지	바누아투 포트빌라
준공일	2019년 02월
설계자	서울대학교 빗물연구센터

[동영상-아리랑TV]

[뉴스-연합뉴스]

10. 텃밭의 다목적 빗물관리 모델, 천수텃밭의 빗물관리시설

농부들에게 물 공급은 한해 농사에 꼭 필요한 조건 중 하나입니다. 특히 산지에서의 농사는 상수도가 닿지 않아 물을 공급하는 데에 있어 어려움을 겪고 있습니다.

천수텃밭은 불암산 자락에 위치해 있는 텃밭으로 현재 빗물관리시설을 활용하여 농업용수를 자급하고 있습니다. 2013년 처음 빗물시설 설치를 시작으로 매년 필요에 따라서 추가로 설치되고 있습니다. 빗물은 건물 지붕이 아닌 산자락에 흐르는 빗물을 모으거나 우천시에 임시 지붕을 만드는 등 여러 형태로 주변 환경에 가장 적합한 방법을 통해 빗물을 모으고 있습니다. 현재 전체 합산 47톤의 빗물을 받고 있고, 17군데에 1톤~5톤까지 다양한 형태의 빗물 저장조가 설치되어 있습니다.

천수텃밭은 텃밭 방문자와 관리자를 포함하여 하루 평균 50~100여명이 이용하고 있으며, 꾸준한 빗물 교육과 관련된 활동들이 진행되고 있습니다. 천수텃밭의 빗물 저장조에 빗물의 소중함을 담은 메시지로 꾸미고 텃밭에 작물을 빗물로 기르도록 권장하여 텃밭 이용자들에게 빗물 홍보와 긍정적인 인식을 주는 효과를 보고 있습니다.

건축용도	도시농업
텃밭면적	26,000m²
빗물용도	농업용수, 버섯재배, 연못 충전
저수탱크	47,000m³
소재지	서울시 노원구
준공일	2013년 ~ 현재
설계자	노원도시농업네트워크

[뉴스-퍼스트신문]

[블로그-노원도시 농업네트워크]

천수텃밭 무동력 관수(빗물,계곡물) 시설 지도
빗물이용(Rain water harvesting)
계곡물 이용(Valley water)
취수지역
서낭당
5Ton
2Ton
버섯지역
안개관수
2Ton
2Ton
빗물수집시설
허브밭 5Ton
빗물수집시설
관리동 5Ton
지하수
0.6Ton
빗물수집시설
교육장 2Ton
2Ton

빗물은 작물의
빗물은 자

11. 빗물연못의 성공사례, 탐나라공화국의 빗물시설

남이섬에 기적을 이루어낸 강우현 대표가 제주도를 찾아왔습니다. 하지만 새로운 시작을 하기에 제주도 땅은 굉장히 메마르고 척박한 땅이었습니다. 제주도에는 비는 많이 오지만 현무암으로 이루어졌기 때문에 물이 땅에 머무를 수 없기 때문입니다.

하지만 강대표는 서울대 빗물연구센터의 도움을 받아 1000톤의 빗물탱크를 식수를 위해 설치하고 80여개의 빗물연못을 파서 수중국가인 탐나라 공화국을 만들게 되었습니다.

탐나라 공화국에는 하루 50명, 많게는 200명의 관광객이 찾아오는 곳입니다. 이곳은 인공연못뿐만 아니라 탐나라 전체 구석구석을 예술로 승화시켜, 찾아오는 방문자들로 하여금 아름다운 추억과 빗물에 대해 새로운 인식을 만들어 주고 있습니다. 앞으로 더 많은 사람들이 탐나라 공화국을 찾아와 제주도의 새로운 물 문화를 선도하고 빗물의 소중함을 배우는 장소가 될 것으로 기대됩니다.

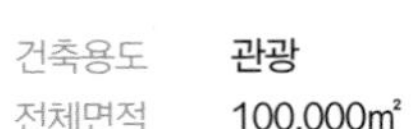

건축용도	관광
전체면적	100,000㎡
빗물용도	식수, 연못저수
저수량	1,000,000㎥
소재지	대한민국 제주도
준공일	2019년 5월
설계자	탐나라 상상그룹

[동영상1-페이스북]

[동영상2-페이스북]

[뉴스1-여행스케치]

[뉴스2-그린포스트코리아]

12. 다목적 분산형 빗물관리, 산지 빗물관리(물모이)

물모이는 강원도 산불의 2차 피해를 막기 위해 지어진 시설입니다. 하지만 이 시설은 산불 후의 회복뿐만 아니라 산불 예방차원에서도 역할을 합니다. 물모이는 산속에 버려진 자원인 목재들을 잘 이어서 만든 댐과 같은 모습을 하고 있고, 주변 경관과도 조화롭게 잘 어우러지는 특징을 가지고 있습니다. 물모이는 마을 사람들과 힘을 합쳐 만들었기 때문에 주민 간의 협동심을 도모할 수 있고, 큰 예산이 들지 않습니다.

물모이의 집수면적은 60m^{2}로 평상시에는 0.5m 높이의 물이 차있어 약 30톤의 물이 지하수를 충전시키고 주변 습도를 조절하는 기능을 합니다. 또한 홍수 발생 시에는 30톤을 추가로 가둘 수 있어 홍수피해를 줄이는 효과도 내고 있습니다. 물모이는 '소규모 다목적 빗물시설'의 일원으로, 미세먼지, 가뭄, 생태계 보전 등의 역할을 하고 있습니다. 시설의 기능으로는 윗부분을 마을 사람들의 산길로 여름철에는 발을 담그며 놀 수 있는 휴게 공간으로 사용되어 주민들에게 사랑받는 시설로 자리매김 하였습니다.

건축용도	산불 2차 피해 방지
빗물용도	지하수 충전, 식생 조성
집수면적	60㎡
집수량	기본 30,000㎥/홍수 방지용 30,000㎥
소재지	서울 노원구 불암산
준공일	2019년 5월
설계자	서울대학교 빗물연구센터, 노원도시농업네트워크

[동영상-유튜브]

[칼럼-이투뉴스]

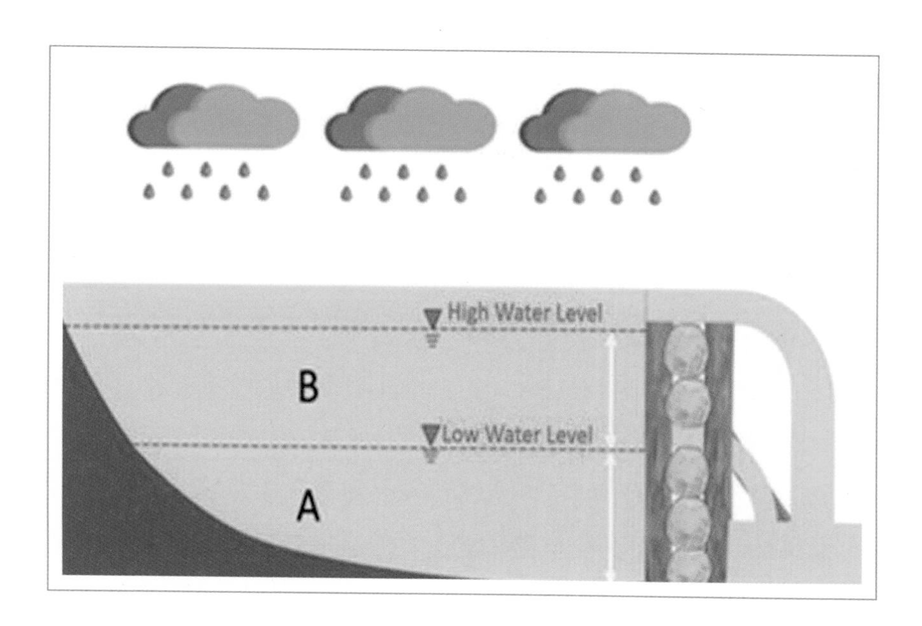
High Water Level
B
Low Water Level
A

다목적 소규모 빗물저류시설 설치

13. 도심형 빗물이용 모델, Ton Duc Thang 대학의 빗물이용시설

베트남 호치민시에 위치하고 있는 Ton Duc Thang 대학의 빗물이용시설은 상수도 인프라가 구축된 도시에 보급할 수 있는 대표적인 도시형 물 관리 모델입니다.

이 시설은 빗물 식수화 시스템과 빗물로 화장실 용수를 공급하는 시스템으로 각각 구성되었습니다. 이 두 개의 시스템은 안정된 수질을 확보하기 위하여 1.5m3 규모의 빗물 탱크 4개로 나누어 설치하였으며, 저장조 내부에 슬러지 배출장치, calm inlet을 적용하였습니다. 또한 시공 시 현지의 자재와 인력을 활용하였으며 미술 학부 학생들이 자발적으로 참여하여 춘하추동(春夏秋冬)의 아름다운 디자인을 탱크에 표현하였습니다.

빗물이용시설의 완공을 기념하여 대한민국 국회 부의장, 호치민시 총영사관, Ton Duc Thang 대학 총장, 캄보디아 왕립대학 사무총장 등 각국의 사회 지도자들이 준공식에 참석하여 축하해주었습니다. Ton Duc Thang 대학은 베트남 내 상위 2개 학교 중 하나로 이 학교에 설치한 빗물이용시설은 앞으로 각계각층의 리더들에게 빗물의 지속가능성과 안전성에 대한 인식을 확산시키는 근원지가 될 것입니다.

건축용도	체육관
빗물용도	식수, 화장실
저수탱크	1.5㎥ x 4개 x 2세트
집수면	지붕 200㎡
소재지	베트남 호치민시
준공일	2018년 8월
설계자	서울대학교 빗물연구센터

[동영상-유튜브]

[뉴스-중앙일보]

Rainwater For Drinking (RFD) System at Ton Duc Thang University, Vietnam

Uni.	Area	Volume of Tank
Ton Duc Thang	200 m²	1,500L X 4 = 6,000L

Catchment
Screen
Inflow
Overflow
First Flush
Water level
PH
EC Temp.
CCTV IP Camera
WiFi Wireless Router
Wifi hub
Wifi emphazer
Sensor1
Sensor2
Sensor3
Sensor4
Sensor5
Vent
Calm-inlet
filter
Tap
drain
Water meter

14. WHO와 함께한 LyNhan 보건소의 빗물식수화 시설

보건소에는 훌륭한 의술도 중요하지만, 이보다 더 중요한 것이 바로 깨끗한 물입니다. 하지만 베트남 하노이 인근 시골에 자리한 LyNhan 마을의 보건소는 수돗물이 공급되지 않아 깨끗하지 않은 지하수를 사용해왔습니다.

이에 서울대학교 팀은 세계보건기구(WHO), 베트남 보건환경연구소(VIHEMA)와 함께 $4m^3$ 규모의 탱크 4대와 오존처리시설, 8개의 음수대를 포함한 빗물식수화 시설을 만들었습니다. 병원 지붕에서 모은 빗물이 2~3주간 4개의 탱크를 지나면서 침전을 통해 일차 정수되며 이어 정수 필터와 자외선 소독과정만 거치면 곧바로 마실 수 있어 화학물질을 전혀 사용하지 않을뿐더러 처리 비용이 거의 들지 않습니다.

음수대로 공급되는 처리 빗물을 샘플링 하여 분석한 결과, 모든 지표가 베트남의 음용수 수질 기준과 WHO 기준에 합격하는 것으로 나타났습니다. 또한 한 달에 약 3톤가량의 빗물을 사용하고 있는 것으로 보아 보건소의 의사들과 환자들 모두가 만족하면서 빗물을 마시고 있다는 것을 알 수 있습니다. 현재 이 성공 사례를 바탕으로 WHO에서는 새로운 빗물 식수화 매뉴얼을 만들고자 추진 중에 있습니다.

건축용도	보건소
빗물용도	식수
저수탱크	$4m^3$ x 4개
집수면	지붕 $300m^2$
소재지	베트남 하노이시 LyNhan현
준공일	2018년 8월
설계자	서울대학교 빗물연구센터

[동영상-RFD]

[기사-WHO]

15. 무료로 안전한 식수를 제공하는 PhuongCanh 유치원의 빗물 식수화 시설

Phuong Canh 유치원이 위치해있는 베트남 하노이시는 도시화 및 산업화로 인하여 지하수와 하천의 수질이 오염되어 있어 식수조달에 어려움을 겪고 있습니다. 또한 유아가 있는 가구에서는 병물 구입에 소득의 상당 부분을 지출하고 있습니다.

이에 500여명의 아이들과 선생님들에게 안전한 식수를 제공하고, 병물 구입에 드는 비용을 절감시키고자 빗물식수화 시설을 설치하였습니다. 이 시설은 단순해 현지인이 충분히 유지 및 관리할 수 있다는 장점이 있습니다. 또한, 이 시설은 롯데백화점의 CSR의 일환으로 서울대학교 빗물연구센터와 환경재단이 협력하여 설치함으로써 설치에 필요한 자금문제를 해결할 수 있었습니다. 또한, CSR을 통해 기업은 사회에 공헌하고, 지역 주민은 안전한 식수를 공짜로 마실 수 있게 됨으로써 모두가 win-win할 수 있었습니다.

최근에 여러 기업들이 CSR에 관심을 가지고, 지역사회 공헌을 하고 있는데, 그 중에서 가성비가 높고 베트남에 가장 필요한 아이템이 바로 빗물 식수화 시설입니다. 그러므로 한국의 기업들이 주위에 있는 학교들에 빗물 식수화 시설을 설치해준다면 대한민국은 베트남의 식수 문제를 해결해줄 수 있는 고마운 나라가 될 것입니다.

건축용도	유치원
빗물용도	식수
저수탱크	3㎥ x 4개
소재지	베트남 하노이시
준공일	2018년 8월
설계자	서울대학교 빗물연구센터

[기사1-FETV]

[기사2-파이낸셜]

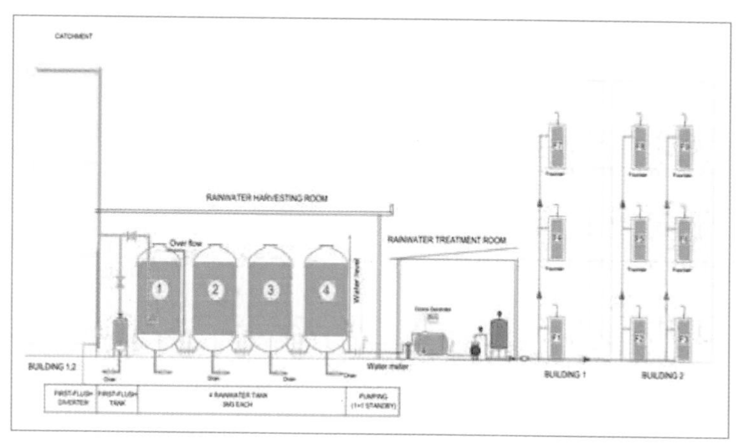
CATCHMENT
RAINWATER HARVESTING ROOM
Over flow
1
2
3
4
Water level
RAINWATER TREATMENT ROOM
BUILDING 1,2
Water meter
BUILDING 1
BUILDING 2
FIRST-FLUSH DIVERTER
FIRST-FLUSH TANK
PUMPING (1+1 STANDBY)

BAC A

후기

'빗물 이용에 대해 알고 싶은데… 도움을 주는 책 없나요?'
'빗물 이용 시설을 좀 보고 싶은데요… 어떤 시설이 있나요?'
'새로 짓는 건물에 빗물 이용을 해볼까 하는데요… 어떻게 하면 될까요?'

이런 문제에 대해 전국의 많은 시민들로부터 빗물 이용 도쿄국제회의 사무국에 질문이 들어왔습니다. 빗물 이용 도쿄국제회의에 대해 신문이나 TV를 통해 알게 되어 세간의 관심도 커지는 것 같습니다. 그러나 지금으로선 안타깝게도 시민을 대상으로 빗물 이용에 대해 이해하기 쉽게 해설한 책이 없고, 사무국은 시민들의 요구에 충분히 대응하지 못하고 있었습니다. 이러한 이유들로 이 책을 만들 생각을 하게 되었습니다.

우리 그룹, 빗방울 동료들의 대다수는 빗물 이용 설계나 연구, 개발에 실제로 관여해왔습니다. 그 경험이 빗물 이용을 추진하고 있는 시민들에게 조금이라도 도움이 되는 것이 이 책의 목적입니다.

도쿄의 가뭄과 홍수의 본질은 '수원 자립'과 '지역 물 순환'의 문제점에서 생긴 것입니다. 도쿄의 교훈을 세계에 전달하여, 세계의 빗물 이용을 실천사례로 배우면서 도쿄를 다시 살리고 싶다는 것이 빗물 이용 도쿄국제회의의 취지입니다. 개발도상국의 많은 도시들은 인구가 급격히 늘어나 물의 수요가 급증하고, 이 때문에 지하수를 너무나 많이 퍼올려 심각한 지반 침하가 일어나고 있습니다. 또 큰 비가 올 때 도시형 홍수도 빈번히 일어나고 있습니다.

세계 인구는 현재 50억이지만, 2025년에는 85억 명을 넘을 것이고 그 60%에 가까운 사람들이 도시에 살 것으로 예상하고 있습니다. 도시의 '가뭄과 홍수' 문제는 세계 어디에서도 그 심각성이 별반 다르지 않습니다. 어쩌면 이 문제를 종합적으로 해결하는 빗물 이용은 도쿄에서만이 아니라 세계 모든 도시의 공통 테마가 되지 않을까요?

21세기에는 지구촌 규모의 빗물 이용을 추진해 빗물 이용 이론을 강화해야 합니다. 이론을 실천하면서 실천성과를 이론화할 필요가 있습니다. 시민, 자치단체 관계자, 기술자, 연구자 사이에 빗물 이용을 실천하고 이론을 추구하는 것이 필요합니다.

빗물 이용 도쿄국제회의는 1994년 8월 1일부터 6일까지 열려, 아프리카, 아시아, 유럽, 미국 등 16개국과 일본 각지에서 빗물 이용을 추진하고 있는 시민단체, 자치단체, 직원, 기술자, 연구자들이 참가했습니다. 지구를 구하는 빗물 이용의 쌍방향 공동 정보망 만들기가 시작되었습니다.

이 책을 정리하는 데는 스미다구, 오키나와현, 시부야시, 독일 오스나브뤼크시 등의 자치단체를 시작으로, BTC(보츠와나 기술센터), WASH project(건강을 위한 물, 위생에 관한 프로젝트), 하와이대학교 수자원연구센터 등의 연구기관, 거기에 태국 PDA, 케냐의 Foster plan 등 여러 시민 조직으로부터 귀중한 자료를 제공받았습니다. 또 이 책 출판에는 (주)호쿠토(北斗)출판의 아이이치로 나가오 씨가 정말 수고해주셨습니다. 진심으로 감사드립니다.

1994년 8월

빗방울연구회 일동

옮긴이 한무영

서울대학교 공과대학과 대학원에서 토목공학을 공부하였고, 미국 텍사스 오스틴 주립대학에서 환경공학을 전공, 공학박사 학위를 받았다. 서울대학교 건설환경공학부 교수,서울대학교 빗물연구센터 소장, 세계물학회 빗물관리위원회 위원장으로, 활발한 활동을 하고 있다.

현재 (사)국회물포럼 부회장, 대통령직속 국가 물 관리위원회 위원 등으로 국가 물 정책수립, 법제정, 자문 등을 하고 있다.
베트남에 물과 위생 적정기술(WASAT) 센터를 만들어 세계보건기구(WHO)와 함께 빗물 식수화 사업의 보급에 힘쓰고 있다. 수처리와 빗물과 관련된 SCI급 논문 150여편을 발표하였고 국내외학회에서 우수논문상을 수상하였다.
20년간의 빗물연구로 국내외 박사 11명 석사 20명을 배출하였다. IWA의 창의 프로젝트상, Energy Global Award, 등 국제적인 상을 수상하였고 국내에서는 세상을 밝히는 사람, 서울대 사회봉사상, 조선일보, SBS등 환경대상을 수상하였다.

전자우편 myhan@snu.ac.kr 블로그 blog.daum.net/drrainwater